NON BUTTER NON OIL

NON BUTTER NON OIL

好吃不發胖の低卡麵包 part3

non butter   non oil

48 道 麵包機 食譜 特集

Kumiko Ibaraki

contents

本書的使用法

●計量使用的單位：1大匙為15ml，1小匙為5ml，1ml為1cc。

●使用日本產小麥粉。
　本書是使用日本cuoca出品的「北海道產高筋麵粉」。
　使用日本產高筋麵粉的注意事項，請參照p.74。

●請使用無化學農藥的有機檸檬。

●使用中等大小（去殼後約50g）的雞蛋。

●使用功率500W的微波爐。

◎日本1斤＝600g。

自己作好吃不發胖的麵包吧！

時常耳聞「吃麵包容易發胖，不要吃太多」的說法。事實上，麵包是使用小麥粉製成的食物，而小麥粉並不是容易使人發胖的食材。當身體攝取穀類後，穀類裡的葡萄糖會一點一點地轉換成身體必需的能量，且葡萄糖也是供給大腦營養的重要物質，當它在身體內部分解，就能產生身體所需的活力來源。分解之後所產生的物質，也完全不會對身體造成負擔。

那麼，為什麼麵包會被說成容易發胖的食物呢？是因為麵包的材料通常含有奶油或酥油等油脂類成分。只要不使用這些材料製作麵包，吃了就不容易發胖，也能獲得足夠的葡萄糖，讓大腦正常運作，不論是空腹還是吃飽後，都能保持清醒不昏昏欲睡，吃進去的能量不再惡性堆積，基礎代謝率提高，就能讓身體不發胖又充滿活力。

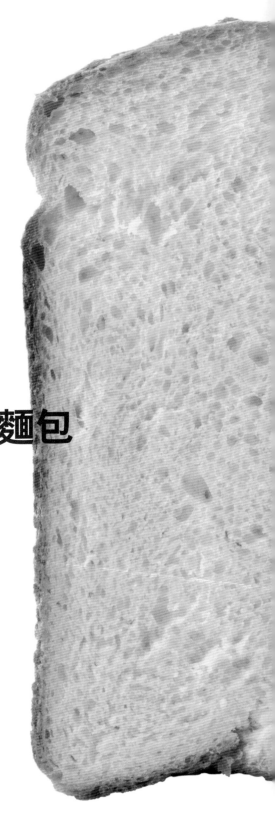

麵包機OK！
好吃不發胖的低卡麵包

市售麵包vs.自製麵包

市售麵包大多含有油脂或添加物，尤其是甜點麵包，油脂含量非常多，這類脂肪吃進體內，會形成難以消耗的熱量，容易蓄積在皮下脂肪層，成為發胖的根源。酥油是這類油脂的其中一種，含有不飽和脂肪酸，很可能導致血管硬化，目前有愈來愈多的國家限制使用酥油來製作食物。

添加物容易對肝臟或腎臟等內臟造成負擔，讓作為身體指揮中心的腦部渾沌不清，基礎代謝率下降，變成易胖體質，因此也被視為會傷害基因、產生致癌危險及誘發過敏的來源。如果能自己動手作麵包，選擇作物收成後不再施加農藥＊的日本產小麥粉或米粉為原料，就能安心品嚐無添加麵包喔！
＊部分農產品為防收成後產生病害，會另外再施加農藥，以利保存。

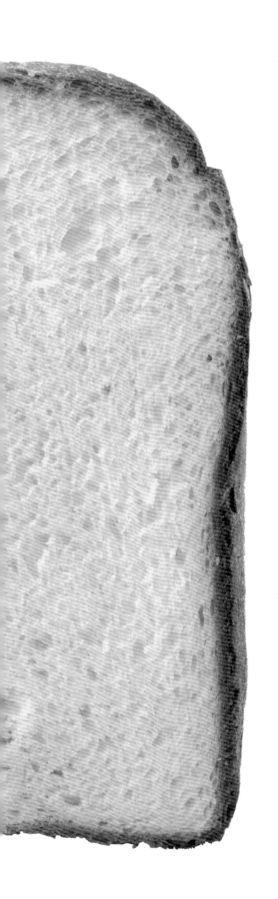

使用麵包機，
按一按就ok！

現在流行麵包機DIY，很多家庭都有一台，在家隨時都能吃到剛出爐的麵包，因為不需要特別技術，只要按下開關鍵就能完成，是非常棒的工具。

市面上有販售一些麵包專用的預拌粉，雖然非常方便，但是大多含有添加物或不好的油脂。既然自己動手作麵包，當然要作出沒有添加物、可以安心食用的麵包，畢竟麵包是每天主食的食物之一。

我已出版過《不發胖麵包》、《不發胖麵包Part2》的手作麵包食譜，書中食譜都是以烤箱烘焙出手作麵包，而本書則使用麵包機來烘焙麵包。

收到很多讀者「想用麵包機作麵包」的意見迴響，我也買了最新型的麵包機，試著以麵包機作麵包。一開始也有過失敗的經驗，但是幾次反覆操作之後，漸漸感受到麵包機的魅力，每天都想使用麵包機作麵包。經過幾個月的實作經驗累積，已經能了解麵包機的構造和特色，使用起來駕輕就熟，也不斷研發出許多美味的麵包食譜。現在，我已經成為麵包機的粉絲了，而這次介紹的食譜，都是大受好評的私房食譜喔！

以煉乳取代油脂

使用麵包機作麵包，如果沒有添加油脂，麵包則不容易膨脹，味道也較淡。本書介紹的麵包作法，是以煉乳取代油脂。煉乳屬於高熱量的原料，常被視為導致發胖的來源，但是事實上，會轉換成熱量的葡萄糖是糖分，屬於低脂肪的食材（其脂肪成分只有奶油的10%）。糖分會轉換成腦部需要的葡萄糖，容易燃燒，可以讓體內不容易囤積壞的物質，產生乾淨的能量，所以，不必擔心發胖的問題。只要讓麵團盡情地伸展，就能作出鬆軟可口的麵包。煉乳可以放在冰箱長期保存，一次取用需要的量即可，非常方便。

請抱著愉快的心情使用麵包機，作出充滿小麥原味、對身體有益的美味麵包吧！

基本款 牛奶吐司

零油脂麵包的基本作法。
不使用奶油，只添加煉乳，
也能烘焙出完美膨脹的麵包。
如果能使用日本產的小麥粉，
更能作出獨特美味和Q彈口感，
而且小麥收成後不再另外施加農藥，十分安全。
比起歐美等地進口的產品，日本產的小麥粉麩質含量較少，
麵團不容易膨脹，但只要增加小麥粉的使用量，
就能作出適當大小的成品。

| 取出麵包機的內鍋，裝
設攪拌葉片。

材料（1斤份）

A	高筋麵粉	280g
	砂糖	10g
	鹽	4g
	煉乳	30g
	牛奶（冷藏過的）	165ml
速發酵母粉		4g

追加計量

如果已經漸漸上手，也可以
不用個別秤量材料重量，只
要在每加入一項材料之前，
先將電子秤歸零即可，也是
一種樂趣。

2 將材料A由上而下依序
倒入內鍋。牛奶請從冰
箱取出後直接倒入。

低卡食譜
215 kcal

6 揉捏
攪拌葉片會混合材料，
在內鍋側邊進行揉麵。

3 將內鍋裝回麵包機中。

5 蓋上麵包機的蓋子，選
擇操作面板上的「速發
酵母粉」，再選擇「吐
司模式」，按下「開始」
鍵。

7 第一次發酵
停止攪拌，酵母開始發
酵，讓麵團膨脹。

4 將酵母粉倒入酵母投入
口裡。

如果麵包機沒有酵母投入口，
可以將酵母粉直接加入麵粉
裡。

8 第二次發酵
再次攪拌，排出麵團中
多餘的空氣，接著再次
發酵，即可烘焙。

9 烘焙完成的提示音響起後，按下「取消」鍵，取出內鍋。如果沒有立刻取出，麵包容易出現乾裂。

11 放在網架上冷卻。

10 將內鍋朝下輕輕拍打數次，比較容易取出麵包。

如果麵包不好取出，可以用抹刀（金屬製的容易損傷內鍋塗層，請儘量使用矽膠等柔軟材質的製品）沿著內鍋邊緣劃一圈，比較容易取出。

non butter non oil

麵包機的操作方式

依麵包機的廠牌和機種的不同，操作選單和模式名稱也有所不同。本書使用的機種的標記方式如右側所列，使用時請儘量選擇相同或相近的功能。

1. 自動投入所有副食材的功能，皆以「葡萄乾」為代稱。

2. 使用全麥粉或稞麥粉製作水分稍微多一點的麵團，不需完全發酵即可烘焙的功能，稱為「全麥粉模式」。

3. 醒麵過程中同時熟成、水分比較多的法國麵包麵團，不需完全發酵即可烘焙的功能，稱為「法國麵包模式」。

4. 在米粉裡加入小麥麩質製作麵團的功能，稱為「加入小麥的米粉模式」。

5. 麵團不需發酵，直接混合材料即可烘焙的功能，稱為「蛋糕模式」。

6. 將揉好的麵團從內鍋取出，塑型後再放回內鍋烘焙的功能，稱為「菠蘿麵包模式」。

7. 只使用麵包機製作麵團，完成後另以烤箱烘焙的功，稱為「麵包麵團模式」。

8. 烘焙的顏色請選定「標準」為準。

麵包機
本書使用的麵包機為Panasonic 1斤用的機種。
SD-BH103（我這台已經使用數年，是我個人習慣操作的機種）
SD-BMS101（為了拍攝本書照片而新增的機種）
SD-BMS102（最新機種）
以上機種的基本構造相同，所以皆適用本書的作法。至於其他廠牌的麵包機，由於構造上的差異，例如沒有酵母投入口等，或是模式設定的差異，請詳閱各廠牌說明書。另外，Panasonic也有推出1.5斤用的機種。

9

基本款吐司

每天吃也不會膩的基本款吐司，
以小麥粉的「吐司模式」，
或以全麥粉、稞麥粉等混合成的
「全麥粉模式」製作而成。

布里歐吐司

沒有奶油的布里歐麵包，
不使用奶油，以蛋黃烘焙出鬆軟的吐司。
如果蛋黃偏小，請添加少量的牛奶，
不需要預約定時，
將烘焙完成的吐司切片，抹上果醬食用，
吃起來就像蛋糕一樣。

作法

1 取出內鍋，裝上攪拌葉片，將材料A由上而下
   依序倒入。
2 內鍋放回麵包機，酵母粉放進酵母投入口。如
   果沒有投入口，直接將酵母粉倒入鍋中即可。
3 選擇「速發酵母粉」、「吐司模式」，按下
   「開始」鍵。
4 烘焙完成後，立刻取出，放在網架上冷卻。

材料（1斤份）

┌ 高筋麵粉	280g
│ 砂糖	13g
│ 鹽	4g
A 蛋黃	2顆份
│ 煉乳	30g
└ 牛奶（冷藏過的）	150ml
速發酵母粉	4g

蘋果果醬

在我家大獲好評的蘋果果醬，如果能
以紅玉（日本蘋果的一種，略帶酸
味）或華盛頓紅龍（Jonagold，原產
美國的品種，略帶酸味）等帶點酸度
的蘋果製成，會更加美味。如果以富
士蘋果製作，請加上一點點檸檬汁。
放入冰箱可保存2週。

材料（成品約200g）

蘋果	2個（削皮＆去核後200g）
水	200ml
砂糖	50g
麥芽糖	2大匙
檸檬汁	適量

類似的果醬	低卡食譜
每 100g **271** kcal ➡	**216** kcal

作法

1 蘋果削皮去核，其中1/4磨成泥，其餘的切成薄片
   浸泡鹽水。
2 將蘋果泥和瀝乾鹽水的蘋果薄片放進琺瑯鍋或不
   鏽鋼鍋，再倒入砂糖和水，以小火慢慢熬煮。
3 開始產生氣泡之後，加入麥芽糖，讓它稍微沸
   騰。如果酸度不夠，就加一些檸檬汁，起鍋後即
   可倒入乾淨的容器保存。

1/6 量

類似的麵包

349 kcal ➡

低卡食譜

241 kcal

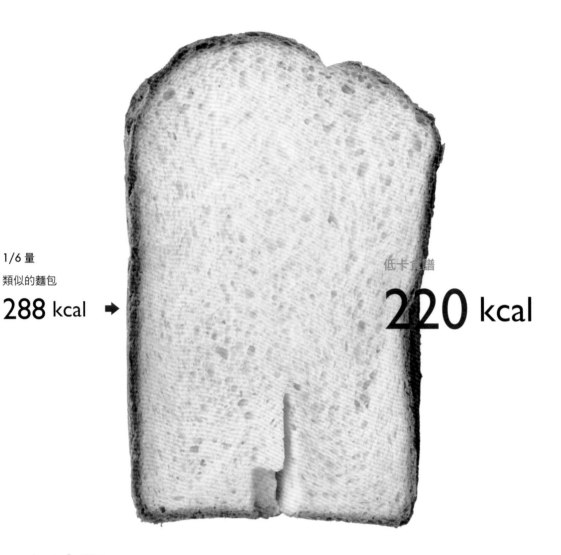

1/6 量

類似的麵包

288 kcal ➡

低卡食譜

220 kcal

白吐司

含蛋的吐司。
即使沒有使用預約定時，
加入雞蛋還是會讓吐司蓬鬆柔軟。
如果作成烤吐司則會有酥脆的口感。
請將雞蛋的蛋白和蛋黃完全混合，
準備約30g的份量。

材料（1斤份）

	高筋麵粉	280g
	砂糖	10g
	鹽	4g
A	蛋	30g
	煉乳	30g
	牛奶（冷藏過的）	145ml
	速發酵母粉	4g

作法

1 取出內鍋，裝上攪拌葉片，將材料A由上而下依序倒入。

2 將內鍋放回麵包機，酵母粉放進酵母投入口。如果沒有投入口，直接將酵母粉倒入鍋中即可。

3 選擇「速發酵母粉」、「吐司模式」，按下「開始」鍵。

4 烘焙完成後，立刻取出，放在網架上冷卻。

蜂蜜燕麥吐司

蘊含蜂蜜自然溫柔的甜味，
還能享受燕麥脆脆的口感。
如果作成烤吐司，
能讓燕麥的香味更加鮮明。

材料（1斤份）

A ┌ 高筋麵粉 ——————— 280g
  │ 鹽 ————————————— 4g
  │ 煉乳 ——————————— 30g
  │ 蜂蜜 ——————————— 20g
  └ 牛奶（冷藏過的）——— 170ml
  速發酵母粉 —————————— 4g
  燕麥 ————————————— 25g
  撒在表面的燕麥——————— 10g

作法

1. 取出內鍋，裝上攪拌葉片，將材料A由上而下依序倒入。
2. 內鍋放回麵包機，酵母粉放進酵母投入口。如果沒有投入口，直接將酵母粉倒入鍋中即可。
3. 選擇「速發酵母粉」、「吐司模式」、「葡萄乾」，按下「開始」鍵。
4. 將25g的燕麥放進自動投入口。如果沒有投入口，待提示音響起再放進內鍋。
5. 在完成前的1小時，在麵團表面撒上10g的燕麥。
6. 烘焙完成後，立刻取出，放在網上冷卻。

13

1/6量
類似的麵包

低卡食譜

287 kcal ➔ **241** kcal

玉米吐司

充滿玉米粒的甘甜與玉米粉的溫柔香氣。
是一款烘焙成奶油色且能嚐到玉米口感的吐司。
玉米的水分比較多，
為避免影響麵團的質地，
在使用前必須先以烤箱烘焙過，
待冷卻後再加入麵團，
這樣也可以鎖住玉米的甘甜，更加美味。

材料（1斤份）

	高筋麵粉	250g
	玉米粉	30g
	砂糖	13g
A	鹽	4g
	煉乳	30g
	冷水	160ml
速發酵母粉		4g
玉米（罐頭或冷凍）		100g

作法

1. 玉米以160°C烤箱烘焙15分鐘，讓水分蒸發，放涼備用。
2. 取出內鍋，裝上攪拌葉片，將材料A由上而下依序倒入。
3. 內鍋放回麵包機，酵母粉放進酵母投入口。如果沒有投入口，直接將酵母粉倒入鍋中即可。
4. 選擇「速發酵母粉」、「吐司模式」，再選擇「葡萄乾」，最後按下「開始」鍵。
5. 將玉米放進自動投入口。如果沒有投入口，待提示音響起再放進內鍋。
6. 烘焙完成後，立刻取出，放在網架上冷卻。

1/6 量

類似的麵包

260 kcal

低卡食譜

211 kcal

全麥吐司

1/6 量

類似的麵包

234 kcal ➡ 低卡食譜 **188** kcal

是一款加入全麥粉製成的吐司，
請使用高筋全麥粉製作。
全麥粉含有豐富的維他命和礦物質，
如果擔心農藥殘留問題，
請選擇日本產的有機麵粉，
食用起來會更安心。
全麥粉和高筋麵粉的比例，
以食譜標示的分量最為適當。
將吐司切片作成開胃小點或三明治，
也非常適合。

材料（1斤份）

	高筋麵粉	180g
	全麥粉	100g
A	砂糖	10g
	鹽	4g
	煉乳	30g
	冷水	165ml
速發酵母粉		4g

作法

1. 取出內鍋，裝上攪拌葉片，將材料A由上而下依序倒入。
2. 內鍋放回麵包機，酵母粉放進酵母投入口。如果沒有投入口，直接將酵母粉倒入鍋中即可。
3. 選擇「速發酵母粉」、「全麥模式」或「法國麵包模式」，按下「開始」鍵。
4. 烘焙完成後，立刻取出，放在網上冷卻。

新奶油風味抹醬

家中現有的材料即可簡單製作，
是低熱量的美味抹醬。
放在冰箱中冷藏，
可保存4天。

材料（成品約40g）

蛋黃	1個
牛奶	40ml
鹽	1小撮

作法

1. 在平底不沾鍋中放入蛋黃、牛奶、鹽，再以耐熱的矽膠攪刮刀混合均勻。
2. 一邊攪拌一邊以小火加熱，待開始出現氣泡，變成糊狀後，即可熄火倒進容器冷卻。

類似的麵包 每100g **745** kcal ➡ 低卡食譜 **206** kcal

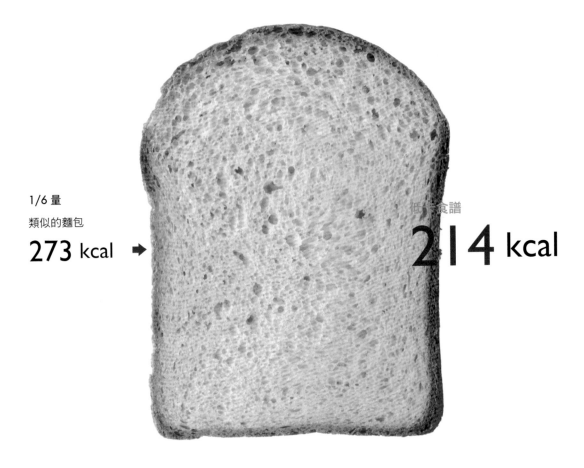

1/6 量

類似的麵包

273 kcal ➡

低⼘食譜

214 kcal

秤麥吐司

充分享受秤麥香氣的的麵包。

秤麥幾乎不含麩質，

作出的麵包稍微偏小，但扎實有份量。

如果使用「全麥模式」或「法國麵包模式」，

操作起來會更得心應手。

增加秤麥的份量會讓麵包不易膨脹，

為避免這類問題而導致成品失敗，

請確實依照本書的比例製作喔！

材料（1斤份）

	材料	份量
A	高筋麵粉	240g
	秤麥粉	40g
	砂糖	10g
	鹽	4g
	煉乳	30g
	牛奶（冷藏過的）	170ml
	速發酵母粉	4g

作法

1. 取出內鍋，裝上攪拌葉片，將材料A由上而下依序倒入。
2. 內鍋放回麵包機，酵母粉放進酵母投入口。如果沒有投入口，直接將酵母粉倒入鍋中即可。
3. 選擇「速發酵母粉」、「全麥模式」或「法國麵包模式」，按下「開始」鍵。
4. 烘焙完成後，立刻取出，放在網架上冷卻。

原味吐司

帶著法國麵包質感，

Q彈的口感，能嚐到麵粉的美味。

因為容易過度發酵，

如果有「法國麵包模式」，

請儘可能使用這個模式。

如果沒有，請避免在炎熱的夏天製作這類吐司，

非夏季時，使用「吐司模式」即可。

作法

1. 取出內鍋，裝上攪拌葉片，將材料A由上而下依序倒入。
2. 內鍋放回麵包機，酵母粉放進酵母投入口。如果沒
3. 有投入口，直接將酵母粉倒入鍋中即可。
4. 選擇「速發酵母粉」、「法國麵包模式」，按下「開始」鍵。

材料（1斤份）

A	高筋麵粉	280g
	砂糖	10g
	鹽	4g
	煉乳	30g
	冷水	165ml
速發酵母粉		4g

1/6量
類似的麵包

低卡食譜

242 kcal ➡ 196 kcal

蔬菜吐司
料理吐司

在麵包麵團裡加入蔬菜或是配料烘焙而成，
顏色豐富多變的吐司。
可以當成早餐，也可以作為點心。
每一種都是以小麥粉製作，
因此使用「吐司模式」即可。

南瓜吐司

將南瓜揉入麵團中，
烘焙成漂亮的黃色麵包。
南瓜散發出自然甘甜，
麵包的質地也變得蓬鬆輕柔。
請挑選水分比較少、質地鬆軟的南瓜製作。
可依據個人喜好加入葡萄乾或南瓜籽。
更有加分效果喔！

材料（1斤份）

A	高筋麵粉	260g
	砂糖	10g
	鹽	4g
	煉乳	30g
	南瓜（淨重）	60g
	冷水	125ml
速發酵母粉		4g

作法

1. 南瓜去皮去籽後，準備大約60g備用。鍋中放水，以小火煮熟，直到戳進竹籤後會有水氣冒出，即可取出冷卻。
2. 取出內鍋，裝上攪拌葉片，將材料A由上而下依序倒入。
3. 內鍋放回麵包機，酵母粉放進酵母投入口。如果沒有投入口，直接將酵母粉倒入鍋中即可。
4. 選擇「速發酵母粉」、「吐司模式」，按下「開始」鍵。
5. 烘焙完成後，立刻取出，放在網架上冷卻。

1/6量

類似的麵包

234 kcal

低卡食譜

188 kcal

胡蘿蔔吐司

有著漂亮胡蘿蔔色的吐司，
即使不喜歡吃胡蘿蔔的人，也會覺得美味喔！
如果有使用砂糖，請儘可能使用日本三溫糖，
胡蘿蔔和濃郁的三溫糖，非常搭配，
也可以依據個人喜好加入肉桂粉。

材料（1斤份）

	高筋麵粉	280g
	三溫糖（或上白糖）	13g
	鹽	4g
A	胡蘿蔔（淨重）	80g
	煉乳	30g
	冷水	135ml
速發酵母粉		4g

作法

1. 胡蘿蔔去皮後，準備大約80g備用。鍋中放水，以小火煮熟。將煮過的胡蘿蔔放進耐熱塑膠袋裡，以麵棍拍打去除水分，即可取出，待完全冷卻。

2. 取出內鍋，裝上攪拌葉片，將材料A由上而下依序倒入。

3. 內鍋放回麵包機，酵母粉放進酵母投入口。如果沒有投入口，直接將酵母粉倒入鍋中即可。

4. 選擇「速發酵母粉」、「吐司模式」，按下「開始」鍵。

5. 烘焙完成後，立刻取出，放在網架上冷卻。

1/6 量
類似的麵包
低卡食譜

249 kcal ➜ 203 kcal

1/6 量

類似的麵包

244 kcal ➡

198 kcal

菠菜吐司

想要在麵包中加入菠菜時,

最簡單的方式是將菠菜直接煮熟切碎放入,

或使用冷凍菠菜煮熟攪碎再放入亦可。

想讓整體的顏色呈現均勻的綠色,

可以在果汁機加入冷水,

放入菠菜攪拌均勻再加入麵團。

23

材料（1斤份）

	高筋麵粉	280g
	砂糖	10g
	鹽	4g
A	煉乳	30g
	菠菜（淨重）	60g
	冷水	135ml
速發酵母粉		4g

作法

1. 鍋中加水,將菠菜燙熟,擠出多餘水分後切成細碎狀。

2. 取出內鍋,裝上攪拌葉片,將材料A由上而下依序倒入。

3. 內鍋放回麵包機,酵母粉放進酵母投入口。如果沒有投入口,直接將酵母粉倒入鍋中即可。

4. 選擇「速發酵母粉」、「吐司模式」,按下「開始」鍵。

5. 烘焙完成後,立刻取出,放在網架上冷卻。

番茄吐司

淡淡的橘黃，看起來非常可愛，
且帶有羅勒的香味和番茄的酸味，
是款義大利風味的麵包。
番茄汁要先放在冰箱冷藏，
使用冰涼的番茄汁製作，
無論使用含鹽或無鹽的番茄汁皆可。
若改用蔬菜汁，則可以作成蔬菜麵包。

材料（1斤份）

	材料	份量
A	高筋麵粉	280g
	砂糖	13g
	鹽	4g
	乾燥羅勒	1小匙
	帕馬森起士	1大匙
	煉乳	30g
	番茄汁（冷藏過的)	100ml
	冷水	65ml
	速發酵母粉	4g

作法

1 將預先放在冰箱冷藏的番茄汁和冷水，混合均勻。
2 取出內鍋，裝上攪拌葉片，將材料A由上而下依序倒入。
3 內鍋放回麵包機，酵母粉放進酵母投入口。如果沒有投入口，直接將酵母粉倒入鍋中即可。
4 選擇「速發酵母粉」、「吐司模式」，按下「開始」鍵。
5 烘焙完成後，立刻取出，放在網架上冷卻。

1/6 量
類似的麵包

251 kcal

↓

低卡食譜

205 kcal

1/6 量
類似的麵包

247 kcal

↓

低卡食譜

201 kcal

馬鈴薯起士吐司

在麵包中加入馬鈴薯,
因為馬鈴薯所含澱粉的作用,
讓麵包變得鬆軟,
也能避免麵包因久置變硬。
馬鈴薯先以熱水煮過,讓水氣蒸散,
請務必等到馬鈴薯完全冷卻後再使用。
撒在麵包表面的帕馬森起士,
請在烘焙完成前的一小時放入。

材料（1斤份）

A	高筋麵粉	260g
	砂糖	10g
	鹽	4g
	煉乳	30g
	冷水	135ml
	馬鈴薯（淨重）	100g
	速發酵母粉	4g
	帕馬森起士	10g

作法

1 馬鈴薯去皮切塊,準備約100g備用,鍋中放水,以小火煮熟。以作馬鈴薯泥的方法去除水分,將馬鈴薯壓碎成泥,靜待冷卻。

2 取出內鍋,裝上攪拌葉片,將材料A由上而下依序倒入。

3 內鍋放回麵包機,酵母粉放進酵母投入口。如果沒有投入口,直接將酵母粉倒入鍋中即可。

4 選擇「速發酵母粉」、「吐司模式」,按下「開始」鍵。

5 在烘焙完成前的1小時,鋪上一層帕馬森起士。

6 烘焙完成後,立刻取出,放在網架上冷卻。

地瓜吐司

吃起來充滿地瓜的自然甜味。
在麵包中加入地瓜，
質地會更加鬆軟細綿，
讓成品的細緻度大大提升。
建議可多放一些香草精來提升香氣。
近來市面上也常見到紫藷，
如果能以各個品種的地瓜製作麵包，
一定非常有趣。

材料（1斤份）

A
- 高筋麵粉 ——————— 260g
- 砂糖 ——————————— 20g
- 鹽 ————————————— 4g
- 肉桂粉 ————————— 1/3小匙
- 地瓜（淨重） ———— 100g
- 香草精 ——————————— 適量
- 煉乳 ——————————— 30g
- 牛奶（冷藏過的） —— 125ml

速發酵母粉 ————————— 4g

作法

1. 地瓜去皮切塊，準備大約100g備用。鍋中放水，以小火煮熟。以作馬鈴薯泥的方法去除水分，將馬鈴薯拍爛待冷卻。

2. 取出內鍋，裝上攪拌葉片，將材料A由上而下依序倒入。

3. 內鍋放回麵包機，酵母粉放進酵母投入口。如果沒有投入口，直接將酵母粉倒入鍋中即可。

4. 選擇「速發酵母粉」、「吐司模式」，按下「開始」鍵。

5. 烘焙完成後，立刻取出，放在網架上冷卻。

1/6量

類似的麵包

269 kcal ➡ 低卡食譜 **223** kcal

類似的麵包

289 kcal ➡ 低卡食譜 **228** kcal

青醬吐司

青醬是由新鮮羅勒和橄欖油製成的綠色醬料。

經常出現在義大利麵或是義式蔬菜料理中，

試著把製作除了橄欖油以外的材料放進麵包裡吧！

搭配葡萄酒享用也非常對味。

在此是以新鮮的羅勒製作，

請將羅勒剁碎切細使用。

材料（1斤份）

A	高筋麵粉	280g
	砂糖	10g
	鹽	4g
	帕馬森起士	1大匙
	新鮮羅勒（切碎）	15片
	白芝麻	1大匙
	蒜頭（磨碎）	1/2瓣
	煉乳	30g
	牛奶（冷藏過的）	145ml
速發酵母粉		4g

※茹素者請將葷料改為素料

青醬吐司添加的材料
羅勒、帕馬森起士、蒜頭、白芝麻

作法

1　取出內鍋，裝上攪拌葉片，將材料A由上而下依序倒入。

2　內鍋放回麵包機，酵母粉放進酵母投入口。如果沒有投入口，直接將酵母粉倒入鍋中即可。

3　選擇「速發酵母粉」、「吐司模式」，按下「開始」鍵。

4　烘焙完成後，立刻取出，放在網架上冷卻。

野餐吐司

適合帶去野餐的吐司，
切成小塊更方便食用。
小朋友的生日派對等場合，
將吐司切片後，放上小番茄或煮熟的花椰菜，
以彩色竹籤固定，
就是一道精緻的小點心。
因為冷凍三色蔬菜的水分比較多，
必須先以烤箱稍微烤出水分，等待完全冷卻再使用。
如果三色蔬菜的分量太多，無法放進自動投入口，
請待提示音響起後，直接放進內鍋。

作法
1. 將三色蔬菜放進160°C的烤箱烤15分鐘，讓水分蒸發，再取出待冷卻備用。
2. 取出內鍋，裝上攪拌葉片，將材料A由上而下依序倒入。
3. 內鍋放回麵包機，酵母粉放進酵母投入口。如果沒有投入口，直接將酵母粉倒入鍋中即可。
4. 選擇「速發酵母粉」、「吐司模式」、「葡萄乾」，按下「開始」鍵。
5. 待提示音響起後，將切成5mm的火腿和三色蔬菜放進內鍋。
6. 烘焙完成後，立刻取出，放在網架上冷卻。

材料（1斤份）

A
- 高筋麵粉 ———————— 280g
- 砂糖 ———————— 10g
- 鹽 ———————— 4g
- 蛋 ———————— 30g
- 煉乳 ———————— 30g
- 牛奶（冷藏過的）——— 145ml

速發酵母粉 ———————— 4g
三色蔬菜（冷凍）———— 100g
火腿（薄片）———————— 2片

※茹素者請將葷料改為素料

1/6 量

類似的麵包

289 kcal ➤ 低卡食譜 **243** kcal

咖哩吐司

有著咖哩粉鮮豔黃色的麵包。
從烘焙時就傳出陣陣的咖哩香氣，
是最受小朋友歡迎的料理吐司。
將臘腸切成小塊放入，
不須再加入其他配料。

材料（1斤份）

	高筋麵粉	280g
	砂糖	10g
	鹽	4g
A	咖哩粉	5g
	煉乳	30g
	牛奶（冷藏過的）	170ml
速發酵母粉		4g
維也納臘腸		3條（60g）

※茹素者請將葷料改為素料

作法

1. 取出內鍋，裝上攪拌葉片，將材料A由上而下依序倒入。
2. 內鍋放回麵包機，酵母粉放進酵母投入口。如果沒有投入口，直接將酵母粉倒入鍋中即可。
3. 選擇「速發酵母粉」、「吐司模式」、「葡萄乾」，按下「開始」鍵。
4. 將切塊的臘腸放進自動投入口。如果沒有投入口，待提示音響起，再直接放進內鍋。
5. 烘焙完成後，立刻取出，放在網架上冷卻。

1/6 量

類似的麵包

302 kcal

低卡食譜

251 kcal

甜點吐司

在麵團裡混合水果乾或帶有甜味的食材，
烘焙後帶點微微甜味的吐司。
除了當成主食，也很適合當作點心或下午茶的茶點。
每一種甜點吐司都以小麥粉製作，
請使用「吐司模式」。

藍莓優格吐司

是一款藍莓口味的麵包，
優格的酸味和藍莓的甜味完美地融合在一起。
如果使用藍莓果醬會更方便製作。
優格須放在冰箱中冷藏，使用前再取出。
除了藍莓果醬之外，
也可以草莓、柳橙、蘋果等等果醬製作。

作法

1 取出內鍋，裝上攪拌葉片，將材料A由上而下依序
  倒入。
2 內鍋放回麵包機，酵母粉放進酵母投入口。如果沒
  有投入口，直接將酵母粉倒入鍋中即可。
3 選擇「速發酵母粉」、「吐司模式」、「葡萄
  乾」，按下「開始」鍵。
4 將藍莓放進自動投入口。如果沒有投入口，待提示
  音響起，再直接放進內鍋。
5 烘焙完成後，立刻取出，放在網架上冷卻。

材料（1斤份）

```
     ┌ 高筋麵粉 ──────── 280g
     │ 砂糖 ─────────── 5g
     │ 鹽 ──────────── 4g
     │ 煉乳 ─────────── 30g
A    │ 藍莓果醬 ───────── 35g
     │ 原味優格（冷藏過的）── 100g
     │ 牛奶 ─────────── 65ml
     └ 檸檬汁 ────────── 5ml
  速發酵母粉 ──────────── 4g
  藍莓乾 ─────────────── 30g
```

藍莓乾
使用野生種的藍莓，小小
的顆粒，看起來很可愛。

1/6 量

類似的麵包

275 kcal

低卡食譜

229 kcal

咖啡歐蕾棉花糖吐司

在麵包裡加入棉花糖，
棉花糖裡麥芽糖的作用，
能讓麵包增加鬆軟的口感。
棉花糖和咖啡的香氣也能完全釋放出來。
如果使用小尺寸的棉花糖，直接使用即可。
若使用大尺寸的棉花糖，則請以剪刀切成小塊再使用。

棉花糖

小尺寸的棉花糖比較方
便使用。

材料（1斤份）

A	高筋麵粉	280g
	砂糖	15g
	鹽	4g
	即溶咖啡粉	6g
	棉花糖	40g
	煉乳	30g
	牛奶（冷藏過的）	150ml
速發酵母粉		4g

作法

1. 取出內鍋，裝上攪拌葉片，將材料A由上而下依序
   倒入。
2. 內鍋放回麵包機，酵母粉放進酵母投入口。如果沒
   有投入口，直接將酵母粉倒入鍋中即可。
3. 選擇「速發酵母粉」、「吐司模式」，按下「開
   始」鍵。
4. 烘焙完成後，立刻取出，放在網架上冷卻。

巧克力蔓越莓吐司

如果想吃巧克力口味，
這款麵包將是最佳選擇！
使用比小麥粉熱量更低的可可粉
來取代現成的巧克力，
擔心熱量問題的人也可以放心食用。
除了蔓越莓之外，
葡萄乾、橘子乾，或堅果類都很適合。

材料（1斤份）

	高筋麵粉	265g
	可可粉	15g
A	砂糖	15g
	鹽	4g
	煉乳	30g
	牛奶（冷藏過的）	180ml
速發酵母粉		4g
蔓越莓乾		30g

作法

1 取出內鍋，裝上攪拌葉片，將材料A由上而下依序倒入。

2 內鍋放回麵包機，酵母粉放進酵母投入口。如果沒有投入口，直接將酵母粉倒入鍋中即可。

3 選擇「速發酵母粉」、「吐司模式」、「葡萄乾」，按下「開始」鍵。

4 將蔓越莓放進自動投入口。如果沒有投入口，待提示音響起，再直接放進內鍋。

5 烘焙完成後，立刻取出，放在網架上冷卻。

越莓乾

蔓越莓是越橘類的一種，鮮豔的顏色和酸味為其特徵。

1/6 量
類似的麵包

低卡食譜

333 kcal ➔ **232** kcal

草莓吐司

1/6 量

類似的麵包

275 kcal ➡ 低卡食譜

229 kcal

未經染色的冷凍草莓乾容易取得，
且最適合搭配麵包機製作麵包。
已加入草莓的麵團，也可以再加上覆盆子，
讓成品的顏色更加粉紅。
或加一點檸檬汁，成色會更加漂亮。

作法

1. 取出內鍋，裝上攪拌葉片，將材料A由上而下依序倒入。
2. 內鍋放回麵包機，酵母粉放進酵母投入口。如果沒有投入口，直接將酵母粉倒入鍋中即可。
3. 選擇「速發酵母粉」、「吐司模式」、「葡萄乾」，按下「開始」鍵。
4. 將草莓乾放進自動投入口。如果沒有投入口，待提示音響起，再直接放進內鍋。
5. 烘焙完成後，立刻取出，放在網架上冷卻。

材料（1斤份）

A	高筋麵粉	280g
	砂糖	10g
	鹽	4g
	煉乳	40g
	冷凍覆盆子	30g
	檸檬汁	1至2滴
	牛奶（冷藏過的）	140ml
速發酵母粉		4g
冷凍草莓乾		8g

冷凍草莓乾

經過真空冷凍的草莓，比起一般的草莓乾，味道更足夠，顏色也更鮮豔。

冷凍覆盆子

木莓的一種，也稱為覆盆子。每次只取用需要的份量，冷凍保存很方便。

楓糖核桃吐司

楓糖的香味和核桃完全融合在一起。
楓糖漿的水分含量高，
不適合用來製作麵包，
請改用楓糖來製作效果比較好，
可以讓麵包飄散濃郁的楓糖香氣。
核桃必須先烘焙過，待完全冷卻後再使用，
完成的麵包淋上楓糖漿食用，是最棒的享受。

材料（1斤份）

A	高筋麵粉	280g
	楓糖	25g
	鹽	4g
	煉乳	30g
	牛奶（冷藏過的）	165ml
速發酵母粉		4g
核桃		20g

作法

1. 核桃放進170°C的烤箱烘焙10分鐘，取出放涼後備用。
2. 取出內鍋，裝上攪拌葉片，將材料A由上而下依序倒入。
3. 內鍋放回麵包機，酵母粉放進酵母投入口。如果沒有投入口，直接將酵母粉倒入鍋中即可。
4. 選擇「速發酵母粉」、「吐司模式」、「葡萄乾」，按下「開始」鍵。
5. 將切細碎的核桃放進自動投入口。如果沒有投入口，待提示音響起，再直接放進內鍋。
6. 烘焙完成後，立刻取出，放在網架上冷卻。

核桃
因為生核桃比較沒有香味，使用烤過的核桃為佳。

1/6量
類似的麵包
293 kcal ➡

低卡食譜
247 kcal

1/6 量
類似的麵包
292 kcal ➡

246 kcal

綜合甘納豆
以各式各樣的豆類混合
而成的綜合甘納豆，是
一種很有趣的食材。

抹茶紅豆吐司

使用抹茶和甘納豆製成的和風麵包。
以蜜漬栗子或切碎的羊羹取代甘納豆也很適合。
由於需要放進自動投入口的材料太多，
所以待提示音響起，
直接打開蓋子放入即可。

抹茶
如果沒有甜點專用的抹
茶，也可以使用茶道用
的抹茶，香味和顏色都
有很好的呈現。

39

材料（1斤份）

	高筋麵粉	280g
	抹茶	3g
A	砂糖	10g
	鹽	4g
	煉乳	30g
	牛奶（冷藏過的）	160ml
速發酵母粉		4g
綜合甘納豆		60g

作法

1 取出內鍋，裝上攪拌葉片，將材料A由上而下依序倒入。

2 內鍋放回麵包機，酵母粉放進酵母投入口。如果沒有投入口，直接將酵母粉倒入鍋中即可。

3 選擇「速發酵母粉」、「吐司模式」、「葡萄乾」，按下「開始」鍵。

4 將甘納豆放進自動投入口。如果沒有投入口，待提示音響起，再直接放進內鍋。

5 烘焙完成後，立刻取出，放在網架上冷卻。

米吐司

口感濕潤Q彈的人氣米吐司。
如果使用加入小麥麩質的麵包用米粉，
請選擇「加入小麥的米粉模式」。
這款麵包非常適合加入日式風味的配料。

米吐司

使用米粉製作，
可以作出比小麥麵包質地更細緻、顏色更白的麵包。
以米粉製作的麵包，無論外觀、香味和口味，
都非常適合搭配日式配菜。

作法

1　取出內鍋，裝上攪拌葉片，將材料A由上而下依序倒入。
2　內鍋放回麵包機，酵母粉放進酵母投入口。如果沒有投入口，直接將酵母粉倒入鍋中即可。
3　選擇「加入小麥的米粉模式」，按下「開始」鍵。
4　烘焙完成後，立刻取出，放在網架上冷卻。

材料（1斤份）

A
- 麵包用米粉 ——————— 260g
- 砂糖 ——————————— 11g
- 鹽 ———————————— 4g
- 煉乳 ——————————— 30g
- 牛奶（冷藏過的）——— 220ml

速發酵母粉 ——————————— 4g

1/6 量
類似的麵包
239 kcal

低卡食譜
208 kcal

**麵包用
米粉**

市面上有販售製作麵包專用的米粉，這種米粉會磨得比一般的米粉更細緻，並加入小麥麩質。麵包是由稱為小麥麩質的蛋白質形成的膜，蓄積空氣後膨脹而成。如果米粉裡沒有麩質，就無法讓麵團膨脹。所以麵包專用的米粉會另外添加小麥麩質。對小麥過敏的人則無法食用這類麵包，請特別留意。此外，根據廠牌的不同，也有添加砂糖或鹽的米粉，請特別留意成分喔！

259 kcal ➡

232 kcal

黃豆蕨餅米吐司

以麵包機製作麵包，
可以輕鬆嘗試各式各樣的作法。
不妨加入一點玩心，
試著在麵包裡放入蕨餅吧！
吃的時候，沾一點紅豆泥食用會更美味。
稍微烤焦、口感脆脆的餅乾，
嚐起來也很有趣喔！

材料（1斤份）

	麵包用米粉	240g
	黃豆粉	20g
	砂糖	15g
A	鹽	4g
	煉乳	30g
	牛奶（冷藏過的）	220ml
速發酵母粉		4g
蕨餅		1塊（50g）

作法

1　以刀子將蕨餅切成5mm的小方塊。

2　取出內鍋，裝上攪拌葉片，將材料A由上而下依序
　倒入。

3　內鍋放回麵包機，酵母粉放進酵母投入口。如果沒
　有投入口，直接將酵母粉倒入鍋中即可。

4　選擇「加入小麥的米粉模式」、「葡萄乾」，按下
　「開始」鍵。

5　將蕨餅放進自動投入口。如果沒有投入口，待提示
　音響起，再直接放進內鍋。

6　烘焙完成後，立刻取出，放在網架上冷卻。

豆腐芝麻米吐司

絹豆腐和芝麻的香味，
非常適合搭配米麵包。
在麵團中加入絹豆腐，
口感更鬆軟Q彈。
這種麵包也非常適合與配飯的菜餚一起食用。

材料（1斤份）

A
- 麵包用米粉 ——————— 260g
- 砂糖 ——————— 11g
- 鹽 ——————— 4g
- 白芝麻 ——————— 20g
- 絹豆腐 ——————— 85g
- 煉乳 ——————— 30g
- 牛奶（冷藏過的）——— 150ml

速發酵母粉 ——————— 4g

作法

1. 取出內鍋，裝上攪拌葉片，將材料A由上而下依序倒入。
2. 內鍋放回麵包機，酵母粉放進酵母投入口。如果沒有投入口，直接將酵母粉倒入鍋中即可。
3. 選擇「加入小麥的米粉模式」，按下「開始」鍵。
4. 烘焙完成後，立刻取出，放在網架上冷卻。

類似的麵包
260 kcal ➜

低卡食譜
229 kcal

小麥米吐司

類似的麵包

248 kcal ➡

低卡食譜

217 kcal

就小麥粉和米粉混合製成的吐司而言，
這是最美味的一道食譜。
結合米粉的Q彈和小麥粉的鬆軟特色，
是一次能嚐到兩種口感的奢華麵包。
想同時享受兩種口感的人，一定要試著作作看！

材料（1斤份）

A ｛
麵包用米粉 ——————— 80g
高筋麵粉 ——————— 200g
砂糖 ——————— 11g
鹽 ——————— 4g
煉乳 ——————— 30g
牛奶（冷藏過的）——— 190ml
速發酵母粉 ——————— 4g

作法

1. 取出內鍋，裝上攪拌葉片，將材料A由上而下依序倒入。
2. 內鍋放回麵包機，酵母粉放進酵母投入口。如果沒有投入口，直接將酵母粉倒入鍋中即可。
3. 選擇「速發酵母粉」、「吐司模式」，按下「開始」鍵。
4. 烘焙完成後，立刻取出，放在網架上冷卻。

生巧克力風味抹醬

是類似松露巧克力的生巧克力抹
醬，但作法更加簡單。
甜度控制得剛剛好，
是備受喜愛的大人風味抹醬。
放在冰箱保存，請以10日為限。

材料（成品約135g）

可可粉 ——————— 40g
糖粉 ——————— 60g
牛奶 ——————— 35g

作法

1. 將可可粉和糖粉過篩備用。
2. 將可可粉和砂糖倒入容器裡，再一點一點加入牛奶混合攪拌。

每100g

類似的抹醬

260 kcal ➡

低卡食譜

272 kcal

類似品

263 kcal ➡ 低卡食譜 **232** kcal

艾草無花果米吐司

呈現漂亮的綠色，
顏色和口感都很像艾草丸子的麵包。
添加水果乾除了使用無花果之外，
柿子乾也很適合。
乾燥艾草加水還原後，
請仔細地擠壓，去除多餘水分。

材料（1斤份）

A	麵包用米粉	260g
	砂糖	11g
	鹽	4g
	煉乳	30g
	牛奶（冷藏過的）	220ml
速發酵母粉		4g
乾燥艾草		7g
無花果乾		50g

作法

1 將乾燥艾草加入約30ml的水，等待約5分鐘讓艾草吸水，再用濾茶網過篩，以手用力擠壓，去除多餘水分。

2 將無花果乾切成5mm的小塊。

3 取出內鍋，裝上攪拌葉片，將材料A由上而下依序倒入。

4 內鍋放回麵包機，酵母粉放進酵母投入口。如果沒有投入口，直接將酵母粉倒入鍋中即可。

5 選擇「加入小麥的米粉模式」、「葡萄乾」，按下「開始」鍵。

6 將無花果放進自動投入口。如果沒有投入口，待提示音響起，再直接放進內鍋。

7 烘焙完成後，立刻取出，放在網架上冷卻。

46

無花果乾
大小都有，因為會切成
小塊使用，所以小一點
的也無妨喔！

乾燥艾草
將艾草乾燥製成粉狀的
原料。日本產艾草，香
味和顏色都非常優質，
特別推薦。

味噌米吐司

不妨試著在家以麵包機試作
超人氣美味的味噌麵包吧！
市售的味噌麵包多為小麥粉製成，
如果以米粉製作，
更能凸顯味噌的風味和淡淡的鹹味。
味噌的種類繁多，味道各不相同，
其中與麵包最對味的，
就是一般煮味噌湯用的關東味噌。

作法

1 取出內鍋，裝上攪拌葉片，將材料A由上而下依序
倒入。

2 內鍋放回麵包機，酵母粉放進酵母投入口。如果沒
有投入口，直接將酵母粉倒入鍋中即可。

3 選擇「加入小麥的米粉模式」，按下「開始」鍵。

4 烘焙完成後，立刻取出，放在網架上冷卻。

材料（1斤份）

```
    ┌ 麵包用米粉 ──────── 260g
    │ 黑糖 ─────────── 15g
  A │ 罌粟籽 ────────── 10g
    │ 味噌 ─────────── 35g
    │ 煉乳 ─────────── 30g
    └ 牛奶（冷藏過的）── 220ml
   速發酵母粉 ──────────── 4g
```

罌粟籽
享受滿口香氣和噗滋噗
滋口感的樂趣。

1/6量
類似的麵包
259 kcal ➡

低卡食譜
225 kcal

以白神酵母
製作的吐司

帶有甜酒的香氣，以天然酵母製作的吐司。
使用白神酵母（白神こだま）製作，
和其他的天然酵母有所不同，
白神酵母的發酵力強，短時間內即可發酵，
請使用「速發酵母粉模式」。

簡易白神吐司

以白神酵母製作的簡易主食麵包。
與速發酵母粉相比，
白神酵母發酵的時間稍慢，
所以要預先將酵母以30℃的溫水溶解備用，
如果揉時加入的水不是冷水，
但是想在常溫下促進酵母發酵，
請不要忘了這個步驟喔！

作法

1　酵母裡加入溫水混合攪拌。
2　取出內鍋，裝上攪拌葉片，將材料由上而下依序倒入，最後加進步驟1的酵母。
3　內鍋放回麵包機，選擇「速發酵母粉」、「吐司模式」，按下「開始」鍵。
4　烘焙完成後，立刻取出，放在網架上冷卻。

材料（1斤份）

高筋麵粉	290g
砂糖	11g
鹽	4g
煉乳	30g
牛奶（常溫）	150ml
白神酵母	6g
溫水	25ml

白神酵母（白神こだま）

來自日本秋田縣白神山的山毛櫸林，屬於天然酵母，是一種便於使用的速發酵母種類。特徵是生命力很強，即使是在-30℃的嚴寒環境也能生長。

1/6 量
類似的麵包
251 kcal ➡ **220** kcal

低卡食譜

1/6 量

類似的麵包

268 kcal ➡ **237** kcal

50

白神黑糖葡萄乾吐司

白神酵母的香氣和黑糖完全融合在一起。
如果使用薄片狀的黑糖，
比較方便計量。
將葡萄乾以水泡軟瀝乾，
直接放進自動投入口即可。

黑糖

比起塊狀的黑糖，薄片
狀會更方便使用。使用
塊狀黑糖時必須先以刀
子切碎。

材料（1斤份）

A	高筋麵粉	290g
	黑糖	15g
	鹽	4g
	煉乳	30g
	牛奶（常溫）	150ml
	白神酵母	6g
	溫水	25ml
葡萄乾		30g

作法

1 在酵母裡加入溫水混合攪拌。

2 取出內鍋，裝上攪拌葉片，將材料A由上而下依序
   倒入，最後加進步驟1的酵母。

3 內鍋放回麵包機，選擇「速發酵母粉」、「吐司模
   式」、「葡萄乾」，按下「開始」鍵。

4 將葡萄乾放進自動投入口。如果沒有投入口，待提
   示音響起，再直接放進內鍋。

5 烘焙完成後，立刻取出，放在網架上冷卻。

法式白神巧克力鄉村吐司

巧克力的香味和白神酵母不可思議地完全融合在一起。

使用全麥粉製作的巧克力鄉村（Campagne）麵包，除了使用核桃之外，葡萄乾或橘子乾也非常適合喔！

作法

1. 將核桃放進170°C的烤箱烘焙10分鐘，取出冷卻後，在酵母裡加入溫水混合攪拌。
2. 取出內鍋，裝上攪拌葉片，將材料A由上而下依序倒入，最後加進步驟1的酵母。
3. 內鍋放回麵包機，選擇「速發酵母粉」、「吐司模式」、「葡萄乾」，按下「開始」鍵。
4. 將切成小塊的核桃放進自動投入口。如果沒有投入口，待提示音響起，再直接放進內鍋。
5. 烘焙完成後，立刻取出，放在網架上冷卻。

材料（1斤份）

材料		份量
A	高筋麵粉	190g
	全麥粉	80g
	可可粉	20g
	砂糖	25g
	鹽	4g
	煉乳	30g
	牛奶（常溫）	160ml
	白神酵母	6g
	溫水	25ml
核桃		30g

1/6量

類似的麵包

287 kcal ➔ 低卡食譜 **256** kcal

無須發酵的 蛋糕＆麵包

不使用酵母，
以泡打粉使其膨脹，
質地厚重扎實的蛋糕麵包。
無須等待發酵，短時間即可烘焙完成。
請使用「蛋糕模式」。

楓糖香料蛋糕

楓糖香料蛋糕（Pain d' epice）的特徵，
為有著濃濃的楓糖香味和各式香料。
原本是使用奶油製作的烘焙點心，
改良後，即使不使用奶油也很美味。
除了肉桂粉之外，荳蔻、薑、丁香等容易取得的香料，
都可以依據自己的喜好隨意添加。

作法

1 將材料A混合攪拌均勻過篩。將麥芽糖放進微波爐加熱數秒，至可以流動的、微溫的程度。

2 取出內鍋，裝上攪拌葉片，將材料由上而下依序倒入。

3 內鍋放回麵包機，選擇「蛋糕模式」，按下「開始」鍵。

4 烘焙完成後，立刻取出，放在網架上冷卻。

材料（1個份）

蛋	1個
楓糖	80g
A 低筋麵粉	170g
稞麥粉	20g
泡打粉	7g
鹽	2g
肉桂粉	1/2小匙
燕麥粉	10g
煉乳	25g
麥芽糖	25g
牛奶（冷藏過的）	100ml

1/5 量

類似的麵包

357 kcal

低卡食譜

268 kcal

無
須
發
酵
的
蛋
糕
＆
麵
包

53

363 kcal ➜ 低卡食譜

274 kcal

玉米麵包

添加玉米粉，
烘焙出口感蓬鬆的點心類麵包。
如果使用的是細顆粒的玉米粉，
就可以作出鬆軟的麵包。
玉米粉有粗顆粒的玉米粒或粗磨玉米粉，
請特別留意。
將罐裝玉米粒烘烤後再加入麵包也很美味喔！

材料（1個份）

蛋		1個
A	低筋麵粉	170g
	玉米粉	30g
	泡打粉	7g
三溫糖		80g
煉乳		25g
麥芽糖		25g
牛奶（冷藏過的）		100ml
香草精		適量

作法

1. 將材料A混合攪拌均勻過篩。將麥芽糖放進微波爐加熱數秒，至可以流動的、微溫的程度。
2. 取出內鍋，裝上攪拌葉片，將材料由上而下依序倒入。
3. 內鍋放回麵包機，選擇「蛋糕模式」，按下「開始」鍵。
4. 烘焙完成後，立刻取出，放在網架上冷卻。

胡蘿蔔麵包

蛋糕類型的麵包適合當作點心食用，
當成早餐也很不錯。
將麵包切片，在濾掉水分的優格裡加入砂糖
製成沾醬，沾著吃也非常美味。
以椰子粉取代燕麥也非常適合。
也可以依據個人喜好，添加一點肉桂粉。

作法

1 將材料A混合攪拌均勻過篩。將麥芽糖放進微波爐
加熱數秒，至可以流動的、微溫的程度。胡蘿蔔濾
除水分，準備45g備用。

2 取出內鍋，裝上攪拌葉片，將材料由上而下依序倒
入。

3 內鍋放回麵包機，選擇「蛋糕模式」，按下「開
始」鍵。

4 烘焙完成後，立刻取出，放在網上冷卻。

材料（1個份）

蛋	1個
三溫糖	80g
A ┌ 低筋麵粉	200g
└ 泡打粉	7g
燕麥	15g
煉乳	25g
麥芽糖	25g
胡蘿蔔（磨碎）	60g
牛奶（冷藏過的）	50ml

1/5 量

類似的麵包

365 kcal ➔

低卡食譜

276 kcal

香蕉麵包

使用完全熟透的柔軟香蕉製作，
烘焙後香味更加濃郁。
香蕉成熟後剝去外皮，
以保存袋放進冰箱冷凍庫保存，
取出待半解凍狀態時拍爛，就很方便使用。
烘焙期間就能聞到陣陣的香蕉香味。
將麵包切片當成早餐也很適合。

作法

1. 將材料A混合攪拌均勻過篩。將麥芽糖放進微波爐數秒後，加熱至可以流動的、溫溫的程度。將香蕉以打蛋器壓成泥狀備用。
2. 取出內鍋，裝上攪拌葉片，將材料由上而下依序倒入。
3. 內鍋放回麵包機，選擇「蛋糕模式」，按下「開始」鍵。
4. 烘焙完成後，立刻取出，放在網架上冷卻。

材料（1個份）

蛋		1個
三溫糖		80g
A	低筋麵粉	200g
	泡打粉	7g
煉乳		25g
麥芽糖		25g
香蕉		100g
牛奶（冷藏過的）		50ml
香草精		適量

1/5量
類似的麵包

371 kcal ➡ 低卡食譜 **282** kcal

1/5 量

類似的麵包

383 kcal ➡

294 kcal

椰子

椰子殼內側的胚乳，乾
燥後切成細絲。長度有
許多規格，無論使用哪
一種都可以。

鳳梨＆椰子麵包

添加鳳梨和椰子的熱帶風味麵包。

非常適合搭配酸酸的優格。

請將罐頭鳳梨的汁液以紙巾吸乾後再使用。

如果沒有罐頭鳳梨，使用新鮮的鳳梨也可以喔！

材料（1個份）

蛋		1個
砂糖		80g
A	低筋麵粉	200g
	泡打粉	7g
煉乳		25g
麥芽糖		25g
原味優格（冷藏過的）		110g
鳳梨（圓切片的罐頭）		3枚
椰子（細絲）		10g

作法

1　將材料A混合攪拌均勻過篩。將麥芽糖放進微波爐
　　加熱數秒，至可以流動的、微溫的程度。將鳳梨切
　　成5mm的小塊，再以紙巾吸除水分。

2　取出內鍋，裝上攪拌葉片，將材料由上而下依序倒
　　入。

3　內鍋放回麵包機，選擇「蛋糕模式」，按下「開
　　始」鍵。

4　烘焙完成後，立刻取出，放在網架上冷卻。

取出麵團
塑型後以手感烘焙

以麵包機揉合麵團，
取出塑形後，
再次放回內鍋烘焙完成。
以雙手捲、捏麵團，隨意塑形，
也是自己動手作的樂趣之一。
請使用「菠蘿麵包模式」。

蘋果肉桂卷

和一般的蘋果肉桂卷一樣，
在麵團裡加入蘋果捲起，
這裡需要多一道切麵團的步驟。
蘋果不需覆蓋保鮮膜，直接以微波爐加熱，
將蘋果的味道鎖住，待完全冷卻後再捲入麵團。
取出麵團時儘可能一次全部取出，
再擀成正方形，會比較容易製作。

材料（1條份）

	高筋麵粉	225g
	砂糖	8g
A	鹽	3g
	煉乳	25g
	牛奶（冷藏過的 ）	130ml
速發酵母粉		3g

內餡

蘋果	1小顆
砂糖	1大匙
細砂糖	1小匙
肉桂粉	1/3小匙
杏仁片	適量

作法

1. 蘋果削皮切塊，撒上一層砂糖，不需覆蓋保鮮膜，以微波爐加熱約7分鐘，取出後以濾網濾除水分，冷卻備用。
2. 取出內鍋，裝上攪拌葉片，將材料A由上而下依序倒入。
3. 內鍋放回麵包機，酵母粉放進酵母投入口。如果沒有投入口，直接將酵母粉倒入鍋中即可。
4. 選擇「速發酵母粉」、「菠蘿麵包模式」，按下「開始」鍵。
5. 提示音響起後將麵團取出，以擀麵棍擀成20cm的正方形。在麵團表面鋪滿蘋果，撒上細砂糖、肉桂，慢慢地捲起來，最後將接縫處捏合固定。將麵卷分切成四等分，放回內鍋，撒上杏仁片，再次按下「開始」鍵。
6. 烘焙完成後，立刻取出，放在網架上冷卻。

麵團塑型時使用的手粉

麵團塑型時，為了不讓麵團沾黏工作台，請撒一點高筋麵粉當作手粉，更有利操作。

1/6量

類似的麵包

270 kcal ➜ **199** kcal

無奶油菠蘿麵包

在吐司麵團上覆蓋一層餅乾麵團再烘焙，
就能變成大型的菠蘿麵包。
無論餅乾麵團或麵包麵團都沒有使用奶油，
是可以讓人放心享用的低脂麵包。
手指沾一點手粉後再延展餅乾麵團，
就能將麵團作成漂亮的圓形。

1/6 量

類似的麵包

378 kcal

⬇

低卡食譜

277 kcal

材料（1個份）

A
高筋麵粉	225g
砂糖	8g
鹽	3g
煉乳	25g
牛奶（冷藏過的）	130ml

速發酵母粉 ———— 3g

餅乾麵團

蛋	25g
砂糖	50g
低筋麵粉	100g
泡打粉	1/4小匙
牛奶	1又1/2大匙
檸檬皮（磨碎）	適量
香草精	適量

細砂糖 ———————— 適量

作法

1　取出內鍋，裝上攪拌葉片，將材料A由上而下依序
　　倒入。

2　內鍋放回麵包機，酵母粉放進酵母投入口。如果沒
　　有投入口，直接將酵母粉倒入鍋中即可。

3　選擇「速發酵母粉」、「菠蘿麵包模式」，按下
　　「開始」鍵。

4　取一個調理碗，將餅乾麵團的材料由上而下依序倒
　　入，以矽膠刮刀拌勻。成糰之後取出，以手揉麵約
　　10次，直到成為表面光滑的麵團。

5　待提示音響起，將麵包麵團取出，形塑成圓形。手
　　指沾一點手粉，將餅乾麵團延展成直徑約15cm的
　　圓形，覆蓋在麵包麵團上。將麵團放回內鍋，撒上
　　一些細砂糖，再度按下「開始」鍵。

6　烘焙完成後，立刻取出，放在網架上冷卻。

 ▶

▶  ▶

中途取出，塑型後以手感烘焙

提拉米蘇麵包

製作途中將麵團取出，
捲入濾除水分的優格和可可粉，
再度烘焙，就能完成像瑞士卷一樣的麵包。
提拉米蘇原本使用馬士卡澎起士製作，
這裡則以低卡路里的優格取代。
請在製作前一天預先濾除優格的水分。

材料（1個份）

A
高筋麵粉	210g
可可粉	15g
即溶咖啡粉	3g
砂糖	8g
鹽	3g
煉乳	25g
牛奶（冷藏過的）	140ml

速發酵母粉　　　　　　　3g

內餡
原味優格	150g
砂糖	1大匙
可可粉	適量
細砂糖	適量

1/6 量
類似的麵包

321 kcal

⬇

低卡食譜

197 kcal

作法

1　將紙巾鋪在濾網上，倒入優格，下方用調理碗盛接，放進冰箱冷藏一晚濾除水分。優格濾除水分後準備50g備用，加入砂糖，以矽膠攪刮刀混合均勻。

2　取出內鍋，裝上攪拌葉片，將材料A由上而下依序倒入。

3　內鍋放回麵包機，酵母粉放進酵母投入口。如果沒有投入口，直接將酵母粉倒入鍋中即可。

4　選擇「速發酵母粉」、「菠蘿麵包模式」，按下「開始」鍵。

5　待提示音響起，將麵團取出，以擀麵棍擀成25cm×15cm的長方形，將步驟1的內餡鋪在上面，接著撒上可可粉和細砂糖，慢慢地捲起。最後以手指將接縫處捏緊，將麵團的接縫處朝下地放回內鍋，再度按下「開始」鍵。

6　烘焙完成後，立刻取出，放在網架上冷卻。

栗子卷

製作途中將麵團取出，塗上栗子醬，
再捲起來對切，扭成辮子狀。
這個方法可以讓栗子均勻地散布在麵包中。
推薦使用糖漬栗子。
可至烘焙材料行購買。

中途取出，塑型後以手感烘焙

1/6 量
類似的麵包

284 kcal

低卡食譜
212 kcal

材料（1個份）

	高筋麵粉	225g
	砂糖	8g
A	鹽	3g
	煉乳	25g
	牛奶（冷藏過的）	130ml
速發酵母粉		3g

栗子餡

蛋黃	1個份
砂糖	2大匙
低筋麵粉	2又1/2大匙
萊姆酒	1小匙
香草精	少許
糖漬栗子	45g

作法

1 取出內鍋，裝上攪拌葉片，將材料A由上而下依序
倒入。

2 內鍋放回麵包機，酵母粉放進酵母投入口。如果沒
有投入口，直接將酵母粉倒入鍋中即可。

3 選擇「速發酵母粉」、「菠蘿麵包模式」，按下
「開始」鍵。

4 將栗子餡的材料全部放入調理碗中混合均勻。因為
蛋黃的大小會影響餡料的軟硬度，如果太硬就加一
些牛奶，太軟則補一些低筋麵粉，將餡料的軟硬度
調整到容易塗在麵團上為準。全部混合均勻後，再
加入切成小塊的糖漬栗子。

5 待提示音響起，將麵團取出分成2等分，以擀麵棍
擀成15cm×25cm的長方形。抹上1/2分量的栗子
餡，留下邊緣1cm左右不塗抹，慢慢地捲起，最後
將開口處捏合。麵團直向對切，其中一端留下1cm
的距離不切斷，接著將兩條麵團交叉成辮子狀，再
捲成圓球形，放回內鍋。另一份麵團也是同樣作
法，再度按下「開始」鍵。

6 烘焙完成後，立刻取出，放在網架上冷卻。

以麵包機揉製麵團 再進烤箱烘烤

想要烘焙出吐司形狀以外的麵包時，
可以只以麵包機製作麵團，
塑型、烘焙則以手工完成。
請使用「麵包麵團模式」。

Non-non 白麵包

這是我的拿手麵包，不使用任何油脂製作，
搭配麵包機完成的鬆軟麵包——Non-non白麵包。
以麵包機製作麵團，
可以省下許多力氣！

材料（6個份）

A	高筋麵粉	250g
	砂糖	15g
	鹽	3g
	牛奶（冷藏過的）	170ml
速發酵母粉		3g

作法

1 取出內鍋，裝上攪拌葉片，將材料A由上而下依序倒入。

2 內鍋放回麵包機，酵母粉放進酵母投入口。如果沒有投入口，直接將酵母粉倒入鍋中即可。

3 選擇「速發酵母粉」、「麵包麵團模式」，按下「開始」鍵。

4 麵團製作完成後取出，分成六小塊並揉成圓形，蓋上濕布靜置5分鐘。

5 再度揉成圓形，以擀麵棍在麵團上壓出凹陷的中心，兩側捏緊，置於烤盤上。

6 利用烤箱的＊發酵功能，以40℃發酵30分鐘。

7 以濾網過篩一些高筋麵粉（材料以外的份量），均勻撒在麵團上。使用瓦斯烤箱預熱180℃烤8分鐘（電烤箱則以190℃烤15分鐘）。

＊若烤箱無發酵功能，請將麵團置於溫暖處發酵。

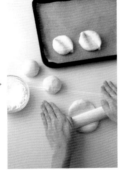

64

以烤箱烘焙的注意事項

● 烘焙麵包時，烤箱的烤盤必須鋪上烘焙紙或耐熱矽膠墊，讓麵團不會黏在烤盤上。

● 烘焙前請務必預熱烤箱。使用烤箱的發酵功能時，可以稍微提早從烤箱取出麵團，以室溫繼續進行發酵，接著再開始預熱烤箱。

● 麵包的發酵時間和烘焙時間有其標準。請根據麵團和烘焙的實際狀態斟酌。

1 個

類似的麵包

類似的麵包
270 kcal ➜ 低卡食譜
183 kcal

65

麵包卷

不使用奶油的麵包卷，
搭配只以麵包機製作麵團的方式完成。
麵包卷特有的形狀非常可愛，
將麵團分割後使之充分鬆弛，再塑型，
就能讓麵團更容易延展塑型。
請以不強不弱的適中力道將麵團捲起來。

材料（8個份）

	高筋麵粉	250g
	砂糖	15g
A	鹽	4g
	蛋	50g
	冷水	110ml
速發酵母粉		3g
蛋液		適量

作法

1　取出內鍋，裝上攪拌葉片，將材料A由上而下依序
　　倒入。

2　內鍋放回麵包機，酵母粉放進酵母投入口。如果沒
　　有投入口，直接將酵母粉倒入鍋中即可。

3　選擇「速發酵母粉」、「麵包麵團模式」，按下
　　「開始」鍵。

4　麵團製作完成後取出，分成8小塊並揉成圓形，蓋
　　上濕布靜置10分鐘。

5　揉轉麵團，作成一端較粗、另一端較細的錐狀。將
　　較粗的一端朝上縱向擺放，以擀麵棍從粗的一端擀
　　平，再慢慢捲起來，將捲起的接口朝下置於烤盤
　　上。

6　利用烤箱的＊發酵功能，以40°C發酵30分鐘。
　　以刷子在麵團上塗抹一層蛋液。瓦斯烤箱預熱

7　180°C烤8分鐘（電烤箱則以190°C烤15分鐘）。
　　＊ 若烤箱無發酵功能，請將麵團置於溫暖處發
　　酵。

1 個

類似的麵包

185 kcal

↓

低卡食譜

132 kcal

以麵包機揉製後，再進烤箱烘烤

 ▶  ▶

法國麵包

皮脆心軟的法國麵包,
令人萌生想親手製作的念頭。
因為屬於水分較多、難以揉捏的麵團,
就讓麵包機來幫忙完成製作麵團的步驟吧!
製作時請使用手粉,
以不破壞麵團的組織為原則來塑型。
烘焙時噴一點溫水增加水氣,
就能烘焙出外皮酥脆的麵包。

材料(長度約28cm,2條份)

	高筋麵粉	100g
	低筋麵粉	100g
A	砂糖	3g
	鹽	2g
	冷水	150ml
速發酵母粉		2g

作法

1　取出內鍋,裝上攪拌葉片,將材料A由上而下依序
　　倒入。

2　內鍋放回麵包機,酵母粉放進酵母投入口。如果沒
　　有投入口,直接將酵母粉倒入鍋中即可。

3　選擇「速發酵母粉」、「麵包麵團模式」,按下
　　「開始」鍵。

4　麵團製作完成後取出,分成2等分並揉成圓形,蓋
　　上濕布靜置10分鐘。

5　工作台上撒一些手粉,將麵團擀成15cm×25cm
　　的長方形。一邊用手拍掉空氣,一邊將麵皮捲起
　　來,接縫朝下排列於烘焙紙上。

6　以室溫發酵25分鐘左右,等待膨脹約1.5倍。

7　預熱烤箱。瓦斯烤箱以250°C、電烤箱以最高溫
　　度預熱。此時空烤盤也一起放進烤箱。準備用於製
　　造水蒸氣的40°C熱水。

8　發酵完成之後,以沾溼的刀子在麵團表面畫出裂口
　　(紋路)。

9　將麵團移放到已用烤箱加熱過的烤盤上,噴灑熱
　　水製造水氣。瓦斯烤箱先以250°C烤4分鐘,再以
　　210°C烤8分鐘(電烤箱以最高溫度烤5分鐘,再
　　以220°C烤13分鐘)。

　　※將空烤盤放進烤箱加熱備用,是為了噴灑熱水
　　　時,可以增加水蒸氣。

 ▶

類似的麵包&低卡食譜

1/2條 **188 kcal**

67

香蕉&鳳梨法國鄉村麵包

在烘焙教室深受歡迎的法國鄉村麵包（Rustique）。
完全像濃粥一樣濕軟的麵包。
因為水分含量非常多，
食用後不會對胃造成負擔，熱量也很低，
適合深夜肚子餓時享用。

類似的麵包 & 低卡食譜
1個 **122 kcal**

材料（8個份）

A	高筋麵粉	100g
	低筋麵粉	100g
	香蕉（搗碎）	80g
	砂糖	3g
	冷水	130ml
	鹽	2g
	檸檬汁	1至2滴
速發酵母粉		2g
鳳梨乾		100g

作法

1 取出內鍋，裝上攪拌葉片，將材料A由上而下依序倒入。

2 內鍋放回麵包機，酵母粉放進酵母投入口。如果沒有投入口，直接將酵母粉倒入鍋中即可。

3 選擇「速發酵母粉」、「麵包麵團模式」、「葡萄乾」，將切細丁的鳳梨乾放進自動投入口，按下「開始」鍵。

4 麵團製作完成後取出，在烤盤鋪上烘焙紙，撒上一些手粉。將麵團倒在烤盤上，一邊以刮刀分成8等分，一邊間隔排列。

5 以室溫發酵25分鐘左右，等待麵團膨脹約1.5倍大。

6 準備製作水蒸氣的40°C熱水。將麵團移放到烤箱裡，再噴熱水。預熱過的瓦斯烤箱先以250°C烤4分鐘，再以210°C烤6分鐘（電烤箱以最高溫度烤5分鐘，再以220°C烤8分鐘）。

1/2 片
類似的麵包

380 kcal

⬇

低卡食譜

274 kcal

義大利番茄醬比薩

利用麵包機製作麵團,就能輕鬆作比薩。
這款比薩不使用起士,
是源自義大利的清爽口味比薩。
配料可以善用冰箱現有的食材,
火腿或培根、青椒、蘑菇、玉米等都可以使用。
配料不要放太多,就能烤出酥脆的美味比薩。

材料(直徑25cm,2片份)

A	高筋麵粉	250g
	砂糖	15g
	鹽	3g
	冷水	150ml
速發酵母粉		3g

表層配料

番茄醬	4大匙
番茄	1小顆
鮪魚(罐頭,水煮)	1小罐
新鮮羅勒	5至6片

※茹素者請將葷料改為素料

作法

1. 取出內鍋,裝上攪拌葉片,將材料A由上而下依序倒入。
2. 內鍋放回麵包機,酵母粉放進酵母投入口。如果沒有投入口,直接將酵母粉倒入鍋中即可。
3. 選擇「速發酵母粉」、「麵包麵團模式」,按下「開始」鍵。
4. 麵團製作完成後取出,分成2等分並揉成圓形。蓋上濕布靜置10分鐘。
5. 以擀麵棍擀成直徑約25cm的圓形,移放到烤盤上,利用烤箱的＊發酵功能,以40°C發酵20分鐘。
6. 以叉子在麵團上戳出等距的小洞,塗抹番茄醬,放上番茄切片和濾除湯汁的鮪魚。
7. 預熱過的瓦斯烤箱以180°C烤18分鐘(電烤箱以190°C烤30分鐘)。烘焙完成後,再放上羅勒。

　＊若烤箱無發酵功能,請將麵團置於溫暖處發酵。

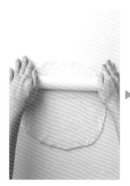

南瓜菠蘿麵包

既然是菠蘿麵包，
當然要維持菠蘿麵包特有的形狀，
只利用麵包機製作麵團，
其餘的步驟自己動手作吧！
菠蘿麵包有各式各樣的作法，
這次製作的是麵包麵團和餅乾麵團中都加入南瓜
的濃郁口味。

材料（6個份）

	高筋麵粉	160g
	砂糖	12g
A	鹽	2g
	南瓜（煮熟的淨重）	35g
	牛奶	90ml
速發酵母粉		2g

餅乾麵團

蛋	30g
砂糖	40g
南瓜（淨重）	25g
低筋麵粉	120g
泡打粉	1/3小匙
香草精	適量
牛奶	適量
細砂糖	適量

作法

1. 南瓜去皮準備約60g，煮熟冷卻備用，分成麵包麵團和餅乾麵團各自的分量。
2. 取出內鍋，裝上攪拌葉片，將材料A由上而下依序倒入。
3. 內鍋放回麵包機，酵母粉放進酵母投入口。如果沒有投入口，直接將酵母粉倒入鍋中即可。
4. 選擇「速發酵母粉」、「麵包麵團模式」，按下「開始」鍵。
5. 取一個調理碗，將餅乾麵團的材料由上而下依序倒入，混合均勻。如果材料結塊，可在工作台上撒一些手粉，將麵團揉捏至均勻光滑，再分成6等分，揉成圓形，覆蓋一層保鮮膜備用。
6. 麵包麵團製作完成後從內鍋取出，分成6等分並揉成圓形，蓋上濕布靜置5分鐘。
7. 將麵包麵團再次揉成圓形，餅乾麵團延展成直徑約12cm的圓形，蓋在麵包麵團上，再沾上細砂糖，以刮刀劃出紋路，移放到烤盤上。
8. 利用烤箱的＊發酵功能，以40℃發酵30分鐘，預熱過的瓦斯烤箱以180℃烤9分鐘（電烤箱以190℃烤15分鐘）。

＊若烤箱無發酵功能，請將麵團置於溫暖處發酵。

1 個
類似的麵包

369 kcal ➡ 低卡食譜
218 kcal

櫻豆餡麵包

作成櫻花形狀的可愛櫻豆餡麵包。
在櫻花盛開的季節製作，
非常適合作為賞花時品嚐的和風麵包。
鹽漬櫻花的鹹味和白豆餡非常對味。
為了讓麵包烘焙後能偏白色，
須以較低的溫度烘焙。

材料（6個份）

	高筋麵粉	200g
	砂糖	10g
A	鹽	2g
	牛奶（冷藏過的）	130ml
速發酵母粉		2g
白豆餡		180g
鹽漬櫻花		6個

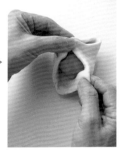

1個
類似的麵包
252 kcal
↓

低卡食譜
191 kcal

作法

1. 取出內鍋，裝上攪拌葉片，將材料A由上而下依序倒入。
2. 內鍋放回麵包機，酵母粉放進酵母投入口。如果沒有投入口，直接將酵母粉倒入鍋中即可。
3. 選擇「速發酵母粉」、「麵包麵團模式」，按下「開始」鍵。
4. 麵團製作完成後取出，分成6等分並揉成圓形，蓋上濕布靜置10分鐘。
5. 將白豆餡分成6等分並揉成圓形。將鹽漬櫻花以流動清水搓洗，去除鹽分。
6. 以手指按壓麵團的四周讓中央稍微隆起，將白豆餡包在其中，並塑成圓形。輕輕地捏起五處麵團，切出五刀，在末端捏出花瓣的形狀，放置於烤盤上。
7. 利用烤箱的＊發酵功能，以40°C發酵30分鐘。
8. 將鹽漬櫻花放在麵團中央，以濾網撒一些高筋麵粉（材料的分量之外），預熱過的瓦斯烤箱以160°C烤12分鐘（電烤箱以170°C烤17分鐘）。

＊若烤箱無發酵功能，請將麵團置於溫暖處發酵。

以麵包機揉製後，再進烤箱烘烤

72

1個

類似的麵包

252 kcal

↓

低卡食譜

194 kcal

 ▶

蘋果果醬麵包

包著私房蘋果果醬的麵包。

手工的果醬通常水分比較多，

熬煮時將水分收乾一點會比較容易包進麵團中。

如果果醬尚未冷卻就使用，

將無法完整地包裹起來，

為了不讓果醬附著在麵團捏起處，

塑型請留意一定要確實冷卻後再包入。

使用市售果醬請以同樣的概念來製作。

材料（8個份）

A
高筋麵粉	250g
砂糖	15g
鹽	4g
蛋	50g
冷水	120ml

速發酵母粉 ————————— 3g
蘋果果醬（參照p.10）————120g
蛋液 ————————————— 適量

作法

1 熬煮蘋果果醬至水分收乾，冷卻備用。

2 取出內鍋，裝上攪拌葉片，將材料A由上而下依序倒入。

3 內鍋放回麵包機，酵母粉放進酵母投入口。如果沒有投入口，直接將酵母粉倒入鍋中即可。

4 選擇「速發酵母粉」、「麵包麵團模式」，按下「開始」鍵。

5 麵團製作完成後取出，分成8等分並揉成圓形，蓋上濕布靜置10分鐘。

6 以擀麵棍將麵團擀成橢圓形，將蘋果果醬放在中間。再將麵團對折包起，邊緣用手指捏緊，放置於烤盤上。

7 利用烤箱的＊發酵功能，以40°C發酵30分鐘。

8 以刷子在麵團表面刷上一層蛋液，預熱過的瓦斯烤箱以180°C烤8分鐘（電烤箱以190°C烤15分鐘）。

＊若烤箱無發酵功能，請將麵團置於溫暖處發酵。

1. 關於日本產高筋麵粉

日本產高筋麵粉有各式各樣的種類。麵包用的有「ハルユタカ（haruyutaka）」、「春よ」等品牌，根據麵包種類的吸水性而有所變化。如果烘焙好的麵包稍微小一點，下次製作時請多加1成的水分補足。發酵膨脹之後，如果有萎縮的情形，請試著減少水分。漸漸上手之後，就能以各式各樣的麵粉製作麵包。

2. 使用歐美製麵粉時

歐美製的小麥粉比起日本產的小麥粉，吸水性更高，請多加1成的水分製作。
獲得有機認證的歐美製的麵粉，同樣選用沒有收成後專用農藥，可以安心食用。

3. 想在麵包中加入配料時

水果乾或堅果等乾料，不需加水還原，直接放進自動投入口。如果是表面有油脂的配料，就必須先以溫水洗過，完全洗去油脂之後，再放進自動投入口，比較安心。
使用新鮮水果或是糖漬栗子等具有糖分、容易沾黏內鍋的配料，或是遇到數量太多無法放進自動投入口的情形，請選擇「葡萄乾」功能，待有提示響起時，再打開蓋子放進去。

4. 預約定時的注意事項

牛奶容易酸敗，所以在使用預約定時功能時，可以用水和脫脂奶粉取代牛奶。舉例來說，p.6的「基本的牛奶吐司」作法，請以150ml的水＋18g的脫脂奶粉取代165ml的牛奶使用（請記得，100g的牛奶，等於牛奶的1成減90ml的水＋11g的脫脂奶粉）。
此外，使用預約定時的功能時，如果加入雞蛋或新鮮蔬菜、水果，也會有食材腐敗的風險。請特別避免在炎熱的夏季使用這項功能，或長時間的預約定時。

5. 使用1.5斤的機種時

材料請全部增加1.6倍小數點則四捨五入。

non butter　non oil
麵包機的操作重點

6. 麵包切片以二次刀法最理想

使用麵包機上手之後，麵包切片反而變成最困難的步驟了。我都會先用麵包專用的鋸齒刀在麵包凸起處切出刀痕後，再以萬用刀切到2/3處。如果是切成6片，先將6片都切至2/3處，再切剩下的1/3，就能切出厚薄均等的漂亮切片。

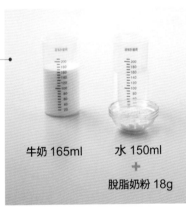

牛奶 165ml　　水 150ml
＋
脫脂奶粉 18g

7. 保存方法

如果是第二天早上就會食用完畢，以常溫保存即可。如果要放超過二天以上的保存時間，最好的方法是切片冷凍保存。沒有添加物的自製麵包，保存方法請比照米飯的原則。和米飯一樣，麵包也會隨著時間變質變硬。冰箱的低溫是讓麵包變硬的最佳溫度。還沒有要吃的部分冷卻之後切片，馬上放進保存袋冷凍。
三明治等薄片以自然解凍的方法為佳。如果急著解凍，請使用500W的微波爐，1片麵包加熱約25秒。
如果想要作成烤吐司，直接以冷凍的狀態烘烤，就能烤出漂亮的焦糖色。

8. 夏季製作的技巧

夏季室溫高，麵團容易過度發酵。過度發酵的麵團，容易作出萎縮、重量沉重、帶有發酵酸味的麵包。夏天時，烘焙新手較不容易用麵包機作出美味麵包，甚至因此開始討厭作麵包。這時如果能稍微多下一點工夫，就能得心應手。
這種時候的處理方法：
1. 加入麵團的水分請一定要使用冷水。
2. 請使用冰箱保存的麵粉。
3. 請在室溫涼爽的空間使用麵包機。
4. 揉捏或發酵麵團時，常打開蓋子，讓熱氣散出。
5. 麵團若變硬、不易發酵而萎縮，請減少1成的水量。
6. 如果依照以上方法操作後還是失敗，請改以麵包機製作麵團，烘焙還是交給烤箱。

9. 冬季製作的技巧

冬季，特別是很冷的地方，會有發酵不足的情形。發酵不足的麵包體積不夠，會作出比肉眼看起來密度更高、重量沉重的麵包。這種時候，請試著使用以下的方法：
1. 加入麵團的水分，其溫度請以人的肌膚溫度為準。但是，不要使用「法國麵包模式」、「全麥粉模式」。
2. 請盡量在溫暖的空間製作。
3. 從冰箱取出的材料（牛奶、雞蛋、優格等），回復到常溫再使用。

74

工具

計量秤

可以量到1g至2kg的電子秤最方便。使用電子秤的優點是，方便追加計量（每加一次材料就歸零重新計量）。

計量杯

用於正確測量水分的分量，非常重要，請選擇刻度清楚可見的量杯！此外，水只要倒入材料中就無法再還原，所以在追加計量的時候，一定要用計量杯來加水！

矽膠製抹刀

麵包機的內鍋有經過鐵氟龍的塗布處理。取下黏貼在內鍋上已烤好的麵包時，為了不要損傷內鍋的表面，請使用矽膠製的抹刀輔助取出麵包吧！

鐵氟龍平底鍋 & 耐熱橡膠刮刀

製作p.16「新奶油風味抹醬」時使用的工具。加熱奶油的時候，使用直徑約20cm、稍微深一些的鐵氟龍不沾平底鍋，最容易上手。過程中必須一邊混合材料一邊加熱，所以要使用耐熱的橡膠刮刀。特別推薦手把和前端一體成型的刮刀，方便清洗。如果未使用耐熱工具，可能會溶解出一些化學物質，請留意。

製作吐司以外的麵包時所使用的工具

不只是吐司，
想要製作自己喜好的各式麵包時，
僅以麵包機製作麵團，
塑型則以手工完成。
這裡介紹可以派上用場的工具們。

刷子

以烤箱烘焙麵包時，在烘焙前塗上蛋液使用的工具。使用後以清潔劑洗乾淨，將刷毛的部分朝下晾乾，就可以保持乾淨地長期使用。

麵包用擀麵棍

延展麵包麵團時使用的擀麵棍。麵團黏貼在工作檯時，可以一邊撒些手粉一邊揉麵團。

烘焙紙 & 耐熱矽膠墊

如果直接將麵團放在烤盤上，烤盤容易沾黏。請務必鋪上一層烘焙紙。若不使用烘焙紙，可選擇能反覆使用的耐熱矽膠墊，比較環保。使用過後洗淨晾乾，即可反覆使用。

噴水器

烘焙法國麵包或法國鄉村麵包（Rustique）時用於製造水蒸氣，或是麵團太乾時，噴一些水氣使其濕潤。我是使用廚房專用的塑膠製噴水器。

刮刀

分割麵團時使用的工具。為了不破壞麵團的完整性，請俐落地一次切開。

材料

稞麥粉
稞麥是在嚴寒環境生長出來的麥子，過去都栽培在寒冷的地區。我使用的是美國產的有機稞麥粉。和全麥粉一樣，因為容易殘留農藥，請使用通過食品安全檢驗的麵粉。

日本產高筋麵粉
「ハルユタカ（haruyutaka）」、「春よ」等麵包用麵粉，是日本產高筋麵粉的代表。「春よ 預拌粉」這類被當作預拌粉的麵包用麵粉，已增加了麩質的用量，我認為更便於製作。一旦麵粉中的麩質含量較少，容易造成膨脹不足，請試著以1kg麵粉混合1大匙麩質左右的比例來使用（材料店也有販售麩質）。如果使用的麵粉是首次啟用的種類或品牌，請在麵包機開始揉麵後5分鐘打開蓋子，觀察一下麵團的硬度，如果看起來太乾燥就補一點水，如果水分太多則補一點麵粉，就能作出好吃的麵包。

玉米粉
玉米磨製的粉。一般而言，粗顆粒的為粗玉米粉（corn grits），細緻的為玉米粉，介於中間值的為粗磨玉米粉（corn meal）。使用細緻的玉米粉可以作出鬆軟鬆軟的麵包，挑選材料時請確認是否為玉米粉。我使用的是非基因改造的玉米粉。

燕麥
將蒸過的燕麥搗碎再乾燥的材料。和全麥粉一樣，因為容易殘留農藥，請使用通過食品安全檢驗的燕麥粉。具有高含量的鐵和鈣，可以享受獨特的口感。

日本產低筋麵粉
為調製中筋麵粉而混合在高筋麵粉中的麵粉。這裡特別推薦日本產的「ホクシン」、「ドルチェ」。

米粉
在日本產的米粉中加入小麥麩質的麵包用預拌粉，市面上有販售。麵包需要小麥的麩質成分才能膨脹，但是米粉裡沒有麩質，無法膨脹，所以才需要在麵包用米粉裡添加麩質。因此，對小麥過敏的人不能食用。有些預拌粉為了增加口感會添加砂糖和鹽，我則是使用沒有添加砂糖和鹽的種類。

全麥粉
選擇日本產的高筋全麥麵粉。全麥粉含有維他命和礦物質，被視為健康的材料，但是也容易被農藥污染，所以特別推薦使用有機的日本產材料。比起粗顆粒的全麥粉，細顆粒的全麥粉更容易作出鬆軟、體積足夠的麵包。

砂糖

上白糖是麵包製作專用的砂糖。上白糖製作時未經過漂白程序，這點可以從溶化時變成透明狀得知，必須結晶化才會變成白色。為了不讓糖分中的維生素和礦物質流失，完全不使用漂白劑和農藥，屬於很天然的製品，非常近似用於點滴的葡萄糖，請安心食用！現代人為了養生，飲食中的砂糖攝取量日漸減少，但肥胖症和糖尿病患者仍逐漸增加，由此可見，砂糖並非直接的成因。

速發酵母粉

人工培養的酵母菌經過乾燥程序後更便於使用。我使用的是saf（サフ）金標籤（耐糖性的酵母）。比起其他酵母粉，此款酵母味道比較穩定。因為一次會大量使用，製作大量麵包時相對地也比較經濟。開封後請移裝至瓶子等容器，以冰箱冷藏約可保存3個月。

鹽

為了方便計量，會使用精製鹽或細沙式的烘焙鹽。因為製作麵包使用的鹽量很少，所以無論使用粗鹽或是精製鹽都不太會影響味道。

牛奶&優格

以牛飼料中沒有添加賀爾蒙或抗生素為選購原則。可以清楚知道生產履歷的牛奶為佳。牛奶使用低脂牛奶或澤西＊牛奶，因為可以調整麵包麵團的硬度，請使用成分無添加的牛奶。優格使用不甜、原味的種類。
＊Jersey，產自英國品種的乳用牛品種，高乳蛋白質及乳脂肪為其乳品特色。

雞蛋

和牛奶一樣，以牛飼料中沒有添加賀爾蒙或抗生素為選購原則。使用時，請將蛋白和蛋黃分開之後再秤量重量。因為蛋液不容易量測，在追加計量時，請先用其不同器量好，再倒進盛裝所有材料的容器中，避免不小心倒得太多又撈出，造成其他材料的耗損。

煉乳

煉乳的糖分比較多，可以放在冰箱長期保存，對於每天製作麵包的人而言，保存非常便利。特別推薦管狀包裝的煉乳，不管保存或計量都很方便。煉乳可以幫助麵團完全延展，也能添加麵包裡的牛奶風味，在天然食材店均可買到這類安全安心的食材。

可可粉

來自巧克力，除去可可脂的產物。去除可可脂後仍殘留一些脂肪，但是熱量還是比小麥粉低很多。能為麵包賦予巧克力的香味和顏色。作麵包時除了會使用加了奶粉或油脂的牛奶可可粉，也會用到天然無添加的可可粉。

麥芽糖

製作蛋糕類型的麵包時，為了取代奶油或油脂，讓成品句濕潤感而使用的材料。請先以微波爐加熱溶化至可流動的程度，再加入麵團中。我使用的是褐色麥芽糖，褐色麥芽糖是由甘藷或米等原料製成，透明的麥芽糖則是由玉米製作而成。

三溫糖

與上白糖相比，濃郁的甜味是其特徵。非常適合用在添加蔬菜或水果的麵包。也可以上白糖取代。

楓糖

楓樹的樹液就是楓糖漿，糖漿結晶化的產物即是楓糖。糖漿水分較多且味道比較淡，如果想要在麵包添加楓樹的香味，建議使用楓糖較佳。

與麵包機相遇

10年前嘗試使用

在此之前，我對麵包機並未抱持著太好的印象。因為10前曾購買麵包機嘗試製作，初期的麵包機內鍋是圓柱狀的，還有附上一些容易上手的食譜。但是，我當時用安全的日本產麵粉，無添加油脂，想作出類似米飯的麵包，但成品不是很理想。

因為對使用麵包機烘焙灰心，反而學會了製作麵包的技術。但在學會之前，幾乎有長達10年的時間，每天持續烘焙。因為麵包製作是一門很深奧的學問，需要具備職人的技法。《不發胖麵包》、《不發胖麵包part2》出版之後，時常收到來自讀者「會出版以麵包機製作麵包的書嗎？」的聲音。我參考了許多人的建議，謹慎選擇麵包機的廠牌和機種，就是本書所使用的麵包機。最初用麵包機烘焙的麵包，都是硬球狀的球形麵包。後來花心思下足工夫，改以日本產的小麥製作，即使不使用油脂，也能烘焙出質感很好的麵包喔！

育兒時期如果有麵包機

說到我的育兒神經質，已到了「什麼都必須自己親手作」的境界，為了想達到純天然的目標，一手包辦嬰兒每日生活的必需品全。當然，內心一直在和產後賀爾蒙的變化或不斷成長變成大人的小孩天人交戰著。女兒哭的時候，經常一手摟著小孩，一手持續製作離乳食品的麵包。現在回想起來，那姿勢實在很滑稽，但是那時的全力以赴和努力想為孩子付出的心情是很值得回憶的。

第二個女兒出世時，我就捨棄了麵包的製作。那時如果有時間，就會把女兒放在膝上慢慢地讀書，享受和女兒的親密時光。雖然非常喜歡麵包，但主要還是以米飯為主食。工作時烘焙的麵包，則留待週末時慢慢享用。

從餵母乳開始，一直到製作離乳食品，始終抱持著讓小孩吃到美味食物的心情來製作。但是現實的情況往往難以盡如人意。那時如果能使用麵包機，就可以一邊等著香噴噴的麵包出爐，一邊陪小孩玩遊戲，我想這樣就可以有更多時間作些額外的事情。

因為麵包機而改變的家

現在作麵包時，4歲的女兒總是在一旁滿心期盼著。幼稚園老師告訴我：「美香每天都在學校拿黏土作麵包喔！」我們家除了週末之外，完全以米飯為主食，女兒並不曾自己動手作過麵包，但經常看媽媽作麵包，所以，即使她沒說出「我也想要作麵包」這樣的話，似乎也耳濡目染，變得想要作麵包。

從幼稚園學習了一些知識，讓女兒也想在家製作麵包。因為從麵團作起很辛苦，所以利用麵包機的麵團製作模式。週末，等待麵包機製作麵團的時間，就是我們的親子繪本時間，一邊陪孩子讀繪本，一邊等待麵團製作完成。

自己作不發胖麵包

現在是非常便利的時代，想吃什麼都很容易買到現成的料理，反而常困惑自己能料理什麼食物。這時候，特別推薦手工麵包，為了同時兼顧不發胖和健康的需求，建議試著自己製作不發胖的麵包吧！

使用1斤吐司製作的「麵包海鮮焗烤」。
將吐司對半切，中心挖空，
填入蝦仁白醬，再以烤箱烘烤。
當然，白醬也是以無油方式製作的。
烤過的麵包皮充滿恰到好處的美味，
是用麵包機就能製作的豪華菜單。
小孩們也非常喜歡！

手工麵包和市售麵包全然不同。市售麵包是商品，必然是以獲取利益為出發點所生產的，使用便宜的小麥為原料，在工廠統一製作麵團，而廠商為了維持品質穩定，又加了很多的添加物，而油脂更是為了防止麵包變硬，保持柔軟和美味所不可或缺的原料。尤其日本人特別喜歡鬆軟口感的麵包，為了迎合消費者的喜好，導致市售麵包的熱量也愈來愈高。

我以前曾在自由之丘經營過餐車麵包店。透過當時的經驗，學會麵包職人的技術養成、麵包的品質管理，也學會不使用添加物的麵包安全製程。那時候我完全沒有考慮任何利益因素，現在當然更不可能考慮了。

之後，因為在家手作的關係，了解到控制麵包材料的品質是可行的。

製作麵包確實很難，無論材料或是製作過程都有許多例外狀況，也經常有失敗經驗。但是，作麵包就像騎單車或開車一樣，在學會之前雖然要花很多時間練習，可是一旦習得技術，就可以駕駛各種車子或單車，一通百通。烤麵包也是一樣的，基本的製作過程都相同，但延伸出的麵包食譜則有無限可能。

現在擁有操作便利的麵包機，請一定要試著挑戰自製麵包！而過去有過失敗經驗，對使用麵包機作麵包失去信心而放棄的人，請務必試著再一次拿出來使用，如果你的麵包機還是舊型機種，不妨重新添購喔！

請試著回想自己作麵包時那種期待、愉快的心情，現在麵包機的製作技術日新月異，只要稍微下一點工夫練習，就能完全滿足你想親手烘焙麵包的心願。麵包是經常食用的主食之一，由衷推薦大家自己製作麵包。

烘焙 良品　34

好吃不發胖低卡麵包 PART.3
48道麵包機食譜特集！

作　　者／茨木くみ子 IBARAKI KUMIKO
譯　　者／簡子傑
發 行 人／詹慶和
總 編 輯／蔡麗玲
執行編輯／李佳穎
編　　輯／蔡毓玲‧劉蕙寧‧黃璟安‧陳姿伶‧白宜平
特約編輯／王怡之
封面設計／翟秀美‧李盈儀
內頁排版／翟秀美
美術編輯／陳麗娜‧李盈儀‧周盈汝
出 版 者／良品文化館
郵撥帳號／18225950
戶　　名／雅書堂文化事業有限公司
地　　址／220新北市板橋區板新路206號3樓
電　　話／(02)8952-4078
傳　　真／(02)8952-4084
網　　址／www.elegantbooks.com.tw
電子郵件／elegant.books@msa.hinet.net

2014年10月初版一刷 定價／280元

MOME BAKERY DE TSUKURU FUTORANAI PAN
Copyright © Kumiko Ibaraki 2011
All rights reserved.
Original Japanese edition publishedin Japan by EDUCATIONAL
FOUNDATION BUNKA GAKUEN BUNKA PUBLISHING BUREAU.
Chinese(in complex charactor) translation rights arranged wish
EDUCATIONAL FOUNDATION BUNKA GAKUEN BUNKA PUBLISHING
BUREAU
through KEIO CULTURAL ENTERPRISE CO., LTD.

總 經 銷／朝日文化事業有限公司
進退貨地址／235新北市中和區橋安街15巷1號7樓
電　　話／Tel：02-2249-7714
傳　　真／Fax：02-2249-8715

國家圖書館出版品預行編目(CIP)資料

好吃不發胖低卡麵包 PART.3, 麵包機特集！／
茨木くみ子 著；簡子傑譯. -- 初版. -- 新北市：
良品文化館出版：雅書堂發行, 2014.10
面；　公分. -- (烘焙良品 ;34)
　ISBN 978-986-5724-20-7(平裝)
1.點心食譜 2.麵包
427.16　　　　　　　　103015866

Profile 作者簡介

茨木くみ子（いばらき　くみこ）

健康料理研究家。聖路加看護大學畢業後
擔任保健師，負責健康管理的工作。結婚懷
孕後，開始往料理方面進修。現在主持茨木
cooking studio，開辦麵包、點心、料理教室，
經常可在雜誌、電視、講演會看到她為照護
身體、推廣美味自製料理而努力。著作已發
行英語、中文繁體（台灣）等海外譯本，十
分活躍。著有《不發胖的點心》、《不發胖
麵包》、《碳水化合物減肥》、《不發胖點心
part2》、《不發胖麵包part2》、《不發胖每天
的料理》。
作者網站
http://www.ibaraki-kumiko.com/

STAFF

發行者／大沼 淳
卡路里計算／川上友里
料理製作協力／原野素子、川村みちの、石
川美樹、齊藤壽美、小林惠美子
美術指導／鷲巢 隆
設計／鷲巢設計事務所
（北岡稚子、桑水流理惠、木高あすよ）
攝影 ／鈴木正美
攝影陳列(styling)／塚本 文
校對／田村容子（文化出版局）
編輯／加古明子（文化出版局）

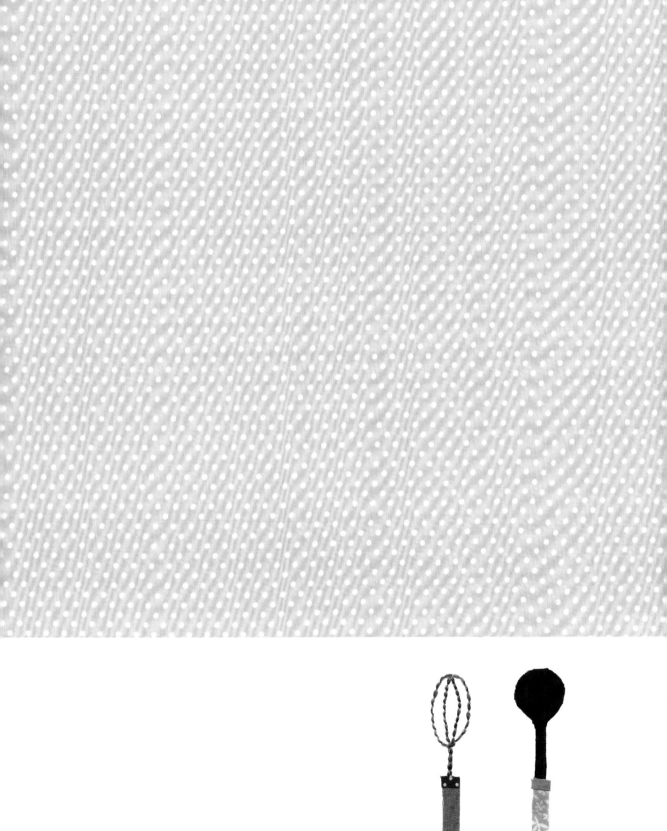

嚴選自然味烘焙
好吃不發胖！

心型巧克力麵包

一個 類似品
235 kcal

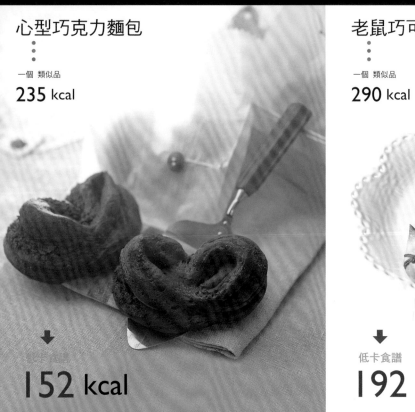

↓

152 kcal

老鼠巧可力奶油麵包

一個 類似品
290 kcal

↓

低卡食譜
192 kcal

好吃不發胖的低卡麵包
37道低脂食譜大公開
茨木くみ子◎著
定價：280元

好吃不發胖低卡麵包
part2——39道低脂
食譜大公開
茨木くみ子◎著
定價：280元

NON BUTTER NON OIL

模型餅乾

一個 類似品

170 kcal

低卡食譜

→ 122 kcal

奶油泡芙

一個 類似品

202 kcal

低卡食譜

→ 121 kcal

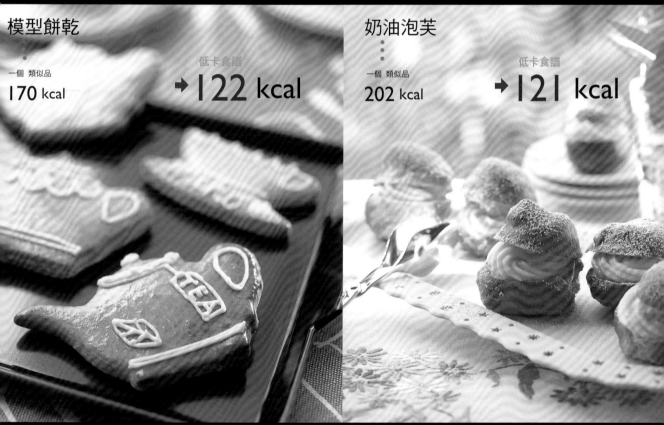

好吃不發胖低卡甜點
47道低脂食譜大公開
茨木くみ子◎著
定價：280元

好吃不發胖低卡甜點
part2——38道低脂
食譜大公開
茨木くみ子◎著
定價：280元

NON BUTTER   NON OIL